MÉMOIRES

DE

J.-B. BOUSSINGAULT

TOME CINQUIÈME

(1830-1832)

PARIS

TYPOGRAPHIE CHAMEROT ET RENOUARD

19, RUE DES SAINTS-PÈRES, 19

1903

MÉMOIRES

DE

J.-B. BOUSSINGAULT

TOME CINQUIÈME

1830-1832

J.B. BOUSSINGAULT

MÉMOIRES

DE

J.-B. BOUSSINGAULT

TOME CINQUIÈME

(1830-1832)

PARIS

TYPOGRAPHIE CHAMEROT ET RENOUARD

19, RUE DES SAINTS-PÈRES, 19

1903

MÉMOIRES

DE

J.-B. BOUSSINGAULT

XI

Excursion à la région aurifère et platinifère du Choco.

(Suite.)

Je traiterai maintenant deux sujets qu'on ne peut se dispenser d'aborder quand on a parcouru le Choco :

I. — La possibilité d'y établir une communication entre l'Océan Atlantique et l'Océan Pacifique.

II. — Les limites du terrain platinifère, si parcimonieusement réparti dans les terrains d'alluvion du Choco.

I

Le continent américain se rétrécit entre le
7ᵉ et le 18ᵉ degré de latitude boréale. C'est une
étroite langue de terre où la Cordillère, subis-
sant une forte dépression, offre plusieurs
isthmes, dans lesquels on entrevoit la possibilité d'ouvrir des canaux communiquant aux
deux mers.

L'isthme le plus septentrional est celui de
Tehuantepec, au Mexique. Déjà, en 1520, Fernand Cortez le signalait à Charles-Quint comme
étant le *secret du détroit*. Vient ensuite, en
avançant au S. l'I. du Nicaragua (lat. N. 10°
à 12°) ; puis l'I. de Panama (lat. Nord 8°) et
enfin l'I. Darian ou de Cupica (lat. N. 6° à 7°)
(Humboldt. Voy. aux rég. équinox. du Nouv.
Continent, t. IX, p. 327).

On a fait, depuis longtemps, et on continue
à faire des projets pour établir, par un de ces
quatre isthmes, un canal de grande communication. Jusqu'à présent, de ces projets, il n'est
résulté qu'une ligne de chemin de fer traversant l'isthme de Panama.

Ce que je dois discuter ici est la communication de la mer du Sud avec la mer des Antilles, par le Choco, en remontant le Rio San Juan de Charambira, pour descendre ensuite à l'Atrato, franchissant ainsi une ligne d'environ 263 milles géographiques (28 l. marines du Sud au Nord).

J'ai précédemment insisté sur cette curieuse disposition de la vallée du Choco, traversée dans toute sa longueur par deux fleuves courant en sens contraire et dont les sources se confondent vers le 3e degré de latitude, dans la proximité de Tadó. Il y a là un dédale de ruisseaux allant, les uns au San Juan, les autres à l'Atrato qui, après avoir reçu le rio Quito à Citará, suit une direction Nord jusqu'à son entrée dans la mer des Antilles.

Le San Juan et l'Atrato naissent, ainsi que je l'ai dit, dans un marécage, un *pantano*, pour ainsi dire commun, n'offrant aucun arrêt visible. C'est ce point, fort circonscrit, qui peut offrir une communication réelle entre les deux Océans, que j'ai nivelés pendant mon excursion. J'ai trouvé pour l'altitude des localités proches de San Pablo :

Rive droite du San Juan.. . . . . . 218 mètres.
Alto del Arastradero.. 378   —
Tadó.. 127   —

Ce sont certainement là les points les plus élevés du relief du terrain compris entre San Pablo et Rio Cétegui, allant au rio Quito, affluent principal de l'Atrato.

En 1788, le curé de Novita fit creuser, par les indiens de sa paroisse, le petit canal de la Raspadura, dans un ravin que remplissent périodiquement les inondations.

Aux époques de sécheresse, on se rend en quelques heures de Santa Lucia au rio Cetégui. C'est généralement la route que suivent les indiens de Chami lorsqu'ils vont chercher des marchandises à Quibdo.

Les chutes, les rapides, tant sur le San Juan que sur l'Atrato, seront des obstacles insurmontables pour établir, par le Choco, non pas une ligne de navigation océanique, mais une communication accessible à de petites embarcations, telle qu'on la réaliserait, en canalisant le passage de la Raspadura. Il y aurait déjà une

certaine utilité pour le commerce d'ailleurs fort
peu important de l'intérieur.

Quant aux grandes voies n'exigeant pas de
transbordement, il est évident qu'elles devront
être exécutées, en coupant soit à Tehuantepec,
soit à Nicaragua, soit enfin à la baie de Cupica.
Ces canaux, en unissant l'Atlantique au Pacifique, dispenseraient les navigateurs de dou-
bler le Cap Horn.

II

Pour compléter mon étude géologique sur le
Choco, je dois revenir sur les *gîtes platinifères*.

Les alluvions renfermant du platine mêlé
à l'or n'occupent qu'un point sur l'immense
terrain aurifère déposé à l'O. depuis le sommet
de la Cordillère orientale jusqu'au bord de la
Mer du Sud.

Au Choco, les alluvions sont considérées
comme étant les plus productives de la Nouvelle-
Grenade. L'or en poudre que l'on en retirait
annuellement en 1800 atteignait plus de la
moitié du produit total de la vice-royauté de
Santa Fé. On l'évaluait à 10 800 marcs. La

province de Barbacoa et le Sud de la vallée de Cauca fournissant par an 4 600 marcs : la province d'Antioquia 2 400.

Le Choco est la seule province de la Nouvelle-Grenade dans laquelle on rencontrât jusqu'à présent des sables, dans lesquels l'or en grains est mélangé à des grains de platine.

Les lavaderos platinifères présentent cette particularité qu'ils commencent vers les sources de l'Atrato et du San Juan. Les plus riches en platine sont ceux de Santa Lucia, de Tadó, de Santa Rosa, de Condoto et de Tapieto.

Le platine fourni par les alluvions offre, à la couleur près, le même aspect que l'or; les grains sont comme usés à la surface, généralement d'un petit volume, quelquefois cependant on en trouve d'une forte dimension. Humboldt a donné au cabinet de minéralogie de Berlin une pépite de platine pesant $67^{gr},8$; dans le musée de Madrid, on en conserve une du poids de $653^{gr},18$. Une pépite d'or trouvée dans la même province pesait 25 livres espagnoles.

On lit dans les ouvrages les plus estimés que les mines de platine ont été découvertes en 1735 dans le Choco. Or il est évident que la découverte de ce métal date de l'époque à laquelle on a commencé à exploiter les alluvions auroplatinifères dans cette province, c'est-à-dire peu après la conquête de la Nouvelle-Grenade par Ximenès de Quesada, de 1520 à 1530, alors que des esclaves importés d'Afrique furent introduits sur le Continent Américain. Si le nouveau métal resta inconnu en Europe pendant si longtemps, c'est que, n'ayant aucun usage et, particulièrement, n'ayant aucune valeur, on ne le recueillait pas, les laveurs le rejetaient. Toutefois la grande densité des grains d'or blanc (oro blanco) que l'on séparait des grains d'or jaune, par le lavage final opéré à la batea et au *cacho* attira l'attention. On en tira parti. Les chasseurs s'en servaient en guise de petits plombs de chasse, comme cendrée. Dans les villes, on les mettait dans des sacs pour en faire les contrepoids des horloges publiques.

Ce métal, aujourd'hui si précieux, fut bientôt dénoncé au gouvernement comme pouvant servir et servant en effet à faire de la fausse monnaie : on en ajoutait, par la fusion, à l'or qu'on transformait en numéraire dans les établissements de l'État. Aussi arriva-t-il que les

autorités firent jeter plusieurs quintaux de platine dans la rivière de Bogota. J'ajouterai que
bien des années après que ce minerai eut ac-
quis de la valeur, on fit des recherches pour le
retirer de la rivière, mais on n'en trouva plus;
probablement par cette raison que les agents
chargés d'exécuter les ordres de la vice-
royauté l'avaient dérobé.

C'est à partir de l'arrivée des académiciens
français, envoyés au Pérou en 1731, pour mesurer sous l'équateur, trois degrés du méridien,
dans le but de déterminer la figure de la terre,
qu'on eut en Europe les premières notions sur
l'oro blanco, le platine.

Les chimistes se livrèrent avec ardeur à des
expériences entreprises pour connaître la nature du nouveau métal. De 1741 à 1752,
Schœfer en Suède, Lewis, Margraf, Macquer,
publièrent une série de remarquables travaux
qui en révélèrent les propriétés principales;
mais ce fut seulement en 1790 qu'un orfèvre
de Paris, Jeannetty, en traitant le minerai du
Choco par l'arsenic, réussit à obtenir du platine malléable qu'il étirait en barres et avec lequel il fabriqua des creusets et des ustensiles

de chimie et de physique. C'est Jeannetty qui fut chargé de préparer la règle en platine avec laquelle on fit le mètre étalon conservé aux archives nationales.

Le traitement imaginé par Jeannetty était loin de donner du platine pur ; il retenait de l'arsenic et des métaux qu'on a découverts depuis : le Palladium, l'Iridium, le Rhodium, le Ruthenium. l'Osmium. Le Dr Wollaston perfectionna l'extraction du platine en traitant le minerai par des acides.

Les cailloux roulés, les sables des alluvions auro-platinifères du Choco sont de même nature que ceux des alluvions fournissant uniquement de l'or, qui ont une étendue considérable dans la Nouvelle-Grenade, occupant le fond des vallées de la Magdalena, du Cauca, du San Juan, de l'Atrato et dont on retire aujourd'hui des quantités d'or considérables.

D'après un chiffre officiel donné en 1800, la production annuelle de l'ancienne vice-royauté de la Nouvelle-Grenade s'élevait à 17 880 marcs. C'était le poids du métal entré dans les hôtels des monnaies, sur lequel on prélevait le *quinto*, droit du 5 p. 100, mais on doit très probablement l'augmenter d'un tiers, à cause de l'or expédié en Europe par contrebande.

Je ne reviendrai pas sur les alluvions aurifères que j'ai déjà décrites, je me bornerai à en rappeler les principaux caractères.

Elles consistent en amas, en dépôts plus ou moins puissants de roches : ce sont des galets ovoïdes. Partout leur constitution géologique est identique à celle des montagnes d'où ils ont été détachés : de la syénite porphyrique, du grünstein, plus rarement du granit à mica noir. Les galets de schiste y sont rares, sans doute à cause de la facilité avec laquelle toute roche schisteuse est désagrégée. C'est surtout dans le bassin très circonscrit de la Vega de Supia qu'on peut s'assurer que le dépôt alluvial a été produit par la désagrégation des roches voisines, riches en filons métalliques.

On remarque, et c'est particulièrement le cas pour l'or sortant du llano de la Vega de Supia, que les grains de ce métal sont d'autant plus gros qu'ils sortent d'alluvions plus rapprochées des montagnes ; c'est que, dans l'opinion des laveurs, cet or n'a pas *voyagé*, qu'il a été moins usé par le frottement. Il n'est pas rare alors de voir de petites pépites adhérant encore à de la gangue, de l'or *sobre vemero*.

Dans les vallées dans lesquelles l'or a été déposé à de grandes distances de la Cordillère, c'est-à-dire loin des montagnes en ayant fourni les matériaux, l'or est en grains plus petits, aussi, dans les sables charriés par le San Juan, sa teneur est telle que le lavage doit être exécuté avec bien du soin.

Dans quelques alluvions du Cauca et de la province d'Antioquia, l'or est associé à des substances minérales que l'on rencontre aussi dans les filons. Je nommerai la pyrite de fer, les cinabres dont on retire de notables quantités dans les lavaderos del Guazzo et que j'ai vu accompagner fréquemment l'or natif dans les syénites porphyriques de Quiebralomo, le sulfure d'antimoine, connu aussi dans les gîtes exploités près de Rio Sucio, sulfure renfermant ordinairement dans son intérieur des particules d'or, le bismuth natif, d'une grande pureté, — on ne l'a pas encore rencontré en place, — des globules de cuivre presque pur.

C'est à leur densité que ces substances doivent de rester, ainsi que le fer titané et chromé, le fer oligiste, dans l'or en poudre rassemblé au fond de la batea. On doit y ajouter quelques gemmes, le rubis, le saphir, le grenat, etc.

Ayant examiné et fait examiner par M. Damour et M. Descloiseaux un grand nombre de résidus de lavage des alluvions du Cauca, d'Antioquia et du Choco, je puis dresser la liste des matières concomitantes de l'or et du platine.

Grenat almandin.	Plomb molybdaté.
Zircon rose et jaune.	Quartz en grains.
Fer titané.	Fer oxidulé.
Rutile.	Fer arsénical.
Mica.	Cymophane.
Disthène.	Fer oligiste.
Baiérine (fer Niobe).	Zircon incolore.
Monazite (cerium et lanthane phosphatés).	

M. Boussingault a aussi trouvé :

Bismuth natif.	Antimoine sulfuré.
Cuivre.	Cinabre.

Les substances comprises dans cette énumération ne se rencontrent pas, loin de là, dans toutes les alluvions qui semblent avoir chacune quelques éléments propres, par exemple le ci-

nabre n'a été retiré que dans certains lavages
d'Antioquia; on ne l'a pas trouvé autre part.
Le bismuth, le cuivre métallique caractérisent
quelques dépôts et ne se montrent pas dans les
dépôts voisins. Il en est ainsi du platine. Il
n'apparaît que sur une zone très limitée dans
l'immense étendue des alluvions ne renfermant
que de l'or.

D'après mes observations et les renseignements malheureusement assez peu précis que
j'ai pu me procurer, cette zone platinifère serait placée entre la Cordillère Occidentale et les
rives du Pacifique ; elle commencerait vers le
Rio Chami, encore tributaire du San Juan.
A partir de ce point, à l'Ouest d'Anserma Viejo,
les eaux coulent au Cauca par les rios Opirama
et Sopinga; l'or, dans ces localités, ne serait pas
mêlé au platine.

En franchissant la Cordillère, c'est dans la
vallée du Tamania que j'ai, pour la première
fois, observé ce métal. On le rencontre constamment dans les alluvions du San Juan. Tadó serait en quelque sorte le foyer platinifère.

Les reales de mines des environs de cette
ville produisent l'or le plus riche en platine.

Toutefois, ce métal existerait plus au Nord jusque dans les affluents supérieurs de l'Atrato. Ce serait, ainsi que j'ai déjà eu l'occasion de le faire remarquer, dans le dédale de cours d'eau où apparaissent deux pics montagneux, les cerros de Monba et de Pojuarrá, que l'on doit considérer comme les sources des deux fleuves du Choco, que commencerait le terrain platinifère, s'étendant ensuite au Sud, dans la vallée du San Juan.

Plus au sud de Novita, c'est une terre inconnue : on ignore s'il s'y trouve des alluvions aurifères.

Des alluvions d'une grande richesse sont exploitées à Barbacoas, près du Rio Patia. L'or n'y renfermerait pas de platine, quoiqu'on ait publié des analyses de ce métal, qu'on affirmait avoir été recueilli dans Barbacoas, à 4 ou 5 myriamètres de la côte.

Quant aux sables charriés par le San Juan, ils contiennent de l'or accompagné de platine, venant certainement des hautes parties du fleuve. L'apport de ces métaux est d'ailleurs continu dans les régions basses, puisqu'une plage dépouillée des métaux précieux par les lavages, est lavée de nouveau avec profit au bout d'un certain temps et même après une grande crue.

En résumé, la principale extraction du platine a lieu dans la vallée haute du San Juan : ce métal y est toujours mêlé à l'or dans une proportion de quelques centièmes.

Il est vraisemblable que, dans les gîtes métalliques des montagnes, où naissent le San Juan et l'Atrato, on rencontrera le platine dans des filons en place. Déjà dans un *paco* (oxyde de fer hydraté) des mines de Santa Rosa de Oros, près du point culminant de la Cordillère occidentale, j'ai vu avec l'or quelques parcelles de ce métal.

Le fait saillant de mon exploration, c'est que les matériaux des alluvions renfermant de l'or mêlé à du platine sont absolument les mêmes que ceux des alluvions ne contenant que de l'or, qu'on rencontre dans les vallées du Cauca, d'Antioquia et même au Choco, dans la vallée supérieure du San Juan. Les masses d'eau qui ont désagrégé ces matériaux pour les transporter, dans certains cas, loin de leur point d'origine, ont dû être immenses et atteindre quelquefois d'assez grandes hauteurs au-dessus du niveau des mers. Peut-être la formation de ces dépôts de galets, de cailloux, de sable remonte-t-elle à un cataclysme contemporain du soulèvement des Cordillères. Les dépôts alluviaux occupent naturellement le fond des vallées; aussi, à de rares exceptions près, leur altitude est-elle peu élevée.

Ainsi, dans le Cauca, on trouve, pour les alluvions aurifères :

Tolua.	1 000	mètres.
Vega de Supia.	1 200	—
Au niveau de la rivière.	5 à 600	—
Dans le Choco les alluvions aurifères sont à Juntas de Tamaná.	169	—
Real de Aguas Claras.	127	—
Novita.	180	—
Tadó.	127	—
Real de Pureto.	185	—

Ces différences de niveau des dépôts ne renfermant que de l'or et des dépôts contenant à la fois de l'or et du platine pourraient avoir quelque valeur si sur le versant ouest de la Cordillère

centrale, en dehors de la vallée de San Juan à
Barbacoas, à une altitude approchant des altitudes observées dans la zone platinifère, les alluvions ne produisaient uniquement que de
l'or.

XII

Départ de la Véga de Supia le 8 décembre 1830.

Lorsque je me décidai à explorer le Sud de la Colombie, la République semblait prospère. Déjà en 1822, quand je débarquai à la Guayra, les Espagnols, vaincus dans les *llanos* de l'Apuro et de l'Orénoque, comme dans la Cordillère orientale des Andes, n'occupaient plus que deux points importants du littoral : Puerto Cabello et Maracaybo. La place de Cartagenas, le cours du rio Grande de la Magdalena, Bogotá, la province de Popayan, en un mot le territoire du Venezuela et de la Nouvelle-Grenade était libre jusqu'à Pasto.

Puerto Cabello, Maracaybo capitulèrent, mais les provinces de Pasto et de Patia restèrent pendant assez longtemps encore un obstacle infranchissable arrêtant la marche de l'armée républicaine vers le Sud.

Les Pastusos, dans les défilés de Janambú, après une résistance opiniâtre, furent plusieurs fois attaqués et mis en déroute ; mais ils reparaissaient bientôt. Ce n'est qu'après une suite de combats sanglants, suivis de terribles représailles, que Bolivar put arriver à Quito. Toutefois, le sentiment royaliste persista à Pasto, et malheur à l'officier colombien qui, sans escorte, s'aventurait dans les montagnes.

La ville fut mise à sac, incendiée. Néanmoins, les habitants n'ont jamais cessé d'être prêts à se soulever contre le gouvernement républicain, au cri de ralliement : « Dieu et le roi ! »

En réalité, jamais les Pastusos n'ont été véritablement soumis : ils ne cédaient qu'à la force. Néanmoins, un territoire étendu de l'Amérique méridionale était soustrait à la domination espagnole : résultat considérable ; il ne s'agissait plus que de consolider la conquête, en l'organisant, quand un mouvement insurrectionnel, provoqué par le général San Martin, ayant éclaté à Lima, Bolivar fut appelé pour y établir la République.

Le *Libertador* s'empressa de répondre au vœu exprimé par les Péruviens. Ce fut une faute grande; mais Bolivar n'était pas un homme politique : il ne rêvait que la gloire militaire.

La Colombie, le Venezuela, Bogotá, Quito n'étaient pas faciles à unifier, à cause des distances qui séparaient les trois États, dont les habitants n'étaient pas absolument de même race. En fait, la fusion n'a jamais eu lieu.

Bolivar, à la tête des divisions colombiennes, qu'il conduisit au Sud, défit les Espagnols, fomenta la révolution, et arriva promptement à l'apogée de sa réputation. On le proclama *libérateur* de Colombie, du Pérou et fondateur de la Bolivie, dont Sucre fut nommé président à vie. Le prestige du *Libertador* fut immense, même en Europe; on put facilement contracter un emprunt en Angleterre, qui permit de payer notre arriéré; fort heureusement, car, victorieux et commandés par un héros, nous étions pauvres comme des rats.

Une admiration exagérée ne dure jamais !

L'auréole qui entourait la personne de Bolivar
disparut rapidement. Les royalistes s'agitaient
sourdement à Lima ; la découverte d'une conspi-
ration amena l'arrestation et la condamnation
d'un personnage considérable par sa naissance,
sa fortune et ses relations : le comte de Torre-
tagli, qui fut passé par les armes.

Placés dans les coulisses, au fond du Pérou,
nous pouvions prévoir les événements que devait
amener une armée indisciplinée commandée par
des chefs incapables. Les troupes auxiliaires de
la 2ᵉ division abandonnèrent leur drapeau ; des
régiments se révoltèrent contre leurs officiers,
qu'ils envoyèrent prisonniers à l'Équateur ; l'armée fut complètement désorganisée.

Bolivar, de retour à Quito, trouva son pouvoir
bien ébranlé dans la Colombie. La dictature devenait impossible. Il se dirigea vers Bogota où
un congrès devait présider à l'élection d'un président. Ce ne fut pas sans péril qu'il traversa
les provinces de Patia et de Pasto, déjà fort
agitées, depuis qu'on y avait connu ce qu'on
pouvait appeler le désastre du Pérou, confirmé
par la fuite du général Sucre, blessé dans une
émeute survenue à Bolivia. Venezuela, où

le général Paez s'était maintenu, se sépara
de la Nouvelle-Grenade. Il en fut de même de
Quito.

La Colombie se trouvait ainsi partagée en
trois États indépendants.

Le parti démocratique exerça bientôt une
réaction sur le militarisme. Quant à Bolivar,
dégoûté, malade, il succomba à Santa Marta, en
se rendant à Caracas, dans l'intention de passer
en Europe. Il mourut pauvre le 17 septembre
1830, à l'âge de 47 ans, 4 mois et 23 jours, après
avoir sacrifié sa grande fortune pour la cause
de l'indépendance.

Ce fut un honnête homme, brave, persévérant
et, à la guerre, c'était un infatigable *guerillero*.
En réalité, il ne pouvait être autre chose que
soldat dans le milieu où il s'était placé, et avec
la ferme intention de soustraire son pays à la
domination espagnole.

Bolivar disparu, l'anarchie devint générale.
Chaque chef militaire apparut comme une sorte
de potentat. J'ai vécu pendant quelque temps
au milieu de cette tempête politique. Il est vrai
que le général Florès, s'emparant du pouvoir à
Quito, comme l'avait fait le général Paez à Cara-

cas, l'ordre fut maintenu aux deux extrémités
de l'ancienne Colombie.

Les misérables conflits survenus pendant la
puissance éphémère de ces petits despotes, ne
méritent pas d'être mentionnés. Ce chaos indescriptible, je n'hésite pas à l'attribuer à l'indifférence absolue de ce qu'on appelle le peuple
américain pour telle ou telle forme de gouvernement. Indiens, métis zambos, nègres sont
toujours portés à se soumettre à la force, et
deviennent les instruments inconscients des
castes supérieures auxquelles ils obéissent tant
qu'il leur est impossible de leur échapper. Triste
pays que celui où on ne rencontre pas cette
classe moyenne, régulatrice, qui fait la force
réelle d'une nation.

Je ne raconterai pas par ordre de date les
incidents auxquels j'ai assisté, comme témoin,
quelquefois comme acteur, mais j'en parlerai à
mesure que le souvenir s'en présentera à ma
mémoire, lorsque je me retrouverai dans les localités où ils se sont accomplis. C'est donc un
simple itinéraire de la vallée du Cauca à l'Équateur, que je vais tracer, en rappelant ici que

j'avais principalement pour objet l'étude des phénomènes naturels et, comme accessoire, la description de la société mêlée dans laquelle j'ai vécu dans les Cordillères. Ce sera là, si l'on veut, les indiscrétions du voyageur.

C'est de la Véga de Supia que je partis, le 8 décembre 1830, pour me rendre à Quito.

En huit jours, je traversai à cheval la forêt marécageuse; le 17 décembre, j'entrai à Anserma Nuevo, où je devais faire mes préparatifs de voyage et exécuter certaines observations pour relier la cime du Tolima aux sommets neigeux des páramos de Ruiz et de Santa Isabella. Bogotá et Anserma Nuevo, dont on connaissait les positions, devenaient alors la base d'un immense triangle.

Les événements politiques me retinrent pendant trois mois à Anserma, où je comptais passer quelques jours seulement. La route vers le Sud n'était pas viable durant le chaos dont j'ai parlé, où chaque semaine voyait naître et mourir un congrès, alors que l'émeute était en permanence, les assassinats fréquents. Il arriva que le général Urdaneta établit à Bogotá l'ombre d'une administration, rêvant toujours de reconstituer la Colombie et de rétablir la prépondérance militaire. Le collège de San Bartholomé fut converti en caserne. C'était une citadelle, au centre de la capitale, qu'occupaient Urdaneta et les vétérans, débris de l'armée de Bolivar.

Il en résulta un mécontentement général dans toute la Nouvelle-Grenade, qui s'accentua, surtout dans le Sud. Antérieurement, par un de ces revirements soudains qu'on remarque dans les troubles civils, la garnison de Bogotá avait acclamé Obando et Lopez chefs absolus.

En vue de réprimer les tentatives qu'Obando pouvait faire pour s'emparer du pouvoir par suite de cette acclamation, le général Muiguerra marcha sur Ibague avec une colonne qui devait se réunir aux milices de la vallée du Cauca, commandée par Murgueïtio, hostiles à Obando et à Lopez. Mais, sans perdre de temps, ces généraux avaient soulevé des partisans depuis Patia jusqu'à Popayan contre ce qu'ils appelaient la tyrannie et l'usurpation d'Urdaneta.

Ils parvinrent à réunir et à armer une colonne de 600 hommes formée d'infanterie et de cavalerie dans laquelle furent incorporés les anciens et intrépides *guerilleros* royalistes, ayant toujours conservé des relations avec Obando.

Cette armée de la liberté se trouvait, le 9 décembre, concentrée à Palmira. C'est là que Murgueïtio résolut de l'attaquer. Malheureusement, le loup était dans la bergerie : le bataillon de chasseurs de Bogotá passa, en grande partie, à l'ennemi ; le reste, après avoir combattu bravement, succomba devant une force supérieure ; les chefs étaient d'ailleurs hostiles au gouvernement qu'ils servaient. Obando eut promptement raison des troupes divisées d'Urdaneta, lesquelles, après leur défaite, s'incorporèrent dans l'armée de la liberté, suivant le système de *navette* que les combattants ont pratiqué si souvent en Amérique, depuis la conquête. Il resta soixante malheureux sur le champ de bataille de l'*hacienda del papayal*, près Palmira.

Le nombre des soldats d'Obando se trouva doublé par suite de la défection des Bogotanos, et ce chef de parti devint maître de la vallée du

Cauca : la route de Popayan à la capitale de la Nouvelle-Grenade était ouverte. Toutes les villes de la vallée déclarèrent qu'elles s'unissaient à l'État de l'Équateur. Obando établit son quartier général à Cartago ; c'est là que je fis sa connaissance.

C'était un homme remarquable, dévoué de cœur et d'âme à l'Espagne, sachant profondément dissimuler, bel officier, aimable, cachant, sous des manières affables, une étonnante férocité. Nos relations furent agréables. Il ne me quittait pas. A Anserma Nuevo, je crois, nous couchâmes bottés et éperonnés dans le même lit. Il me témoigna le désir que je l'accompagnasse à Bogotá. Je lui répondis que mon engagement contracté avec le gouvernement de Colombie, en 1822, étant expiré, j'étais décidé à retourner en France en traversant l'Équateur, où m'attiraient des travaux scientifiques. Il comprit ma répugnance bien naturelle à faire la guerre à mes amis de Bogotá ; il exigea de moi que je lui fisse la promesse de le voir en passant à Popayan ; il m'assura d'ailleurs qu'il favoriserait mon voyage dans le Sud, et il tint parole.

Obando était le plus charmant des assassins que j'aie connus, et j'en ai connu plusieurs. Sa taille était élevée, bien prise, svelte; on prétendait que si ce n'eût été la couleur de ses cheveux et de ses moustaches, tirant sur le rouge, notre ressemblance eût été parfaite; on nous aurait pris l'un pour l'autre.

Sa bonhomie commandée était réjouissante; j'en ai eu la preuve. Un jour que je l'accompagnais lorsqu'il se dirigeait sur Buga, nous marchions tous deux en avant d'un escadron de Patianos qui nous suivait à une demi-lieue de distance. Arrivés près d'un village dont j'ai oublié le nom, nous vîmes sortir une femme effarée conduisant à grand'peine une mule chargée de *petacas* (malles du pays). Le ciel était sombre, le tonnerre grondait; le général lui dit : « Où allez-vous, bonne mère; l'orage va éclater. » — « Où je vais, répondit-elle, nulle part, je fuis cet assassin d'Obando, qui doit arriver. »

Et Obando me regarda en souriant : « Voyez, don Juan, de quelle détestable réputation je jouis! » Il jeta une piastre à la pauvre femme, et nous continuâmes notre chemin.

Sa réputation était fondée sur la part active qu'il avait prise dans tous les mouvements insurrectionnels de Patia et de Pasto.

Né à Popayan, d'un père qui exerçait la profession de barbier, sorte de chirurgien à la manière de Figaro, il avait reçu une éducation cléricale. Très jeune, il se distingua dans les bandes royalistes, que soutenait le clergé. Les hommes qu'il commandait avant la guerre de l'indépendance, quand il n'y avait ni royalistes, ni républicains, détroussaient et tuaient, dans les défilés que l'on est obligé de parcourir dans le Sud, les commerçants qui n'avaient pas une escorte suffisante pour les protéger, car, à Pasto, on était brigand, contrebandier ou *guerillero*. C'est ainsi qu'il put facilement organiser une bande qui, plus d'une fois, harcela et mit en échec des colonnes de l'armée colombienne. Il fallut sévir avec vigueur contre ce brigandage.

Bolivar réussit à conquérir Obando, en l'admettant dans l'armée républicaine. Par sa connaissance du pays de Pasto, par ses relations continues avec les montagnards, il rendit des services dans quelques circonstances, mais il ne rompit jamais ses relations avec les ennemis de la république; il les dissimula.

— Je me laissais aimer du Libertador, disait-il un jour; et il me raconta que lorsque Bolivar le trouva à Popayan, au retour du Pérou, il l'embrassa et, paraissant étonné de le voir seulement commandant, il lui remit les insignes de colonel.

J'avais donc passé, bien malgré moi, trois mois à Cartago et à Anserma, sans m'ennuyer, il est vrai, et j'ai plusieurs fois fait cette remarque qu'on ne se sent pas vivre dans les pays où il n'y a pas de saisons. J'avais en outre des amis, et particulièrement des amies qui ne me virent pas partir sans un certain chagrin.

De plus, je n'étais pas resté absolument inactif; j'avais fixé avec soin la faible profondeur à laquelle, dans un endroit abrité, on trouve la température moyenne très approchée, en la déduisant d'une observation unique, et je m'étais préparé à l'exploration de la vallée supérieure du Cauca.

J'allais quitter Cartago (lat. N. 4° 45' long. O. 78°26'48") sur les bords du rio de Lo Viejo et à 4 kilomètres du Cauca.

Cette ville fut fondée par le conquistador Robledo en 1540, à 4 ou 5 lieues au Nord du point qu'elle occupe aujourd'hui. L'altitude actuelle est de 980 mètres et la température moyenne de 24°,5. La population de castes assez mêlées, mais dans laquelle il y a de fort jolies femmes blanches, n'atteignait pas tout à fait 7 000 âmes. Elle renferme plusieurs églises. La principale est celle du couvent de San Francisco, sur la plaza mayor.

Le 24 mars, je me mis enfin en route pour le Sud, non sans avoir essuyé quelques larmes. Il était midi. Je parcourus l'hacienda de Guavina, où l'on observe un grünstein semblable à celui de la Quebrada del Diablo. On suit, en le remontant, le cours du Cauca ; on retrouve la même roche un peu plus loin et dans la Quebrada del Junque.

A 2 heures, j'étais à l'Altillo, où je reçus une bonne pluie qui m'accompagna jusqu'à Toro, où j'entrai à 5 heures. On était occupé dans le village à extraire de l'huile ou du beurre du fruit du palmier Corozo, du prix de 1 réal la livre. Toro, fondé par le conquistador Juan José del

Toro, est au bord d'une rivière (alt. 958 m.,
temp. moyenne 24°,4).

25 mars. — Parti à 9 heures pour Roldanillo.
On suit pendant quelque temps la rivière qui
charrie des galets de grünstein compact et de
schiste argileux. C'est le même schiste sur lequel
on marche depuis Anserma Nuevo jusqu'à Novita. Avant d'atteindre las Juntas de Tamana,
on passe un rio Toro au point nommé la Cueva.
Serait-ce la source du Toro qui entre dans le
Cauca? Cela paraît fort douteux; mais il est
certain que c'est bien la même roche dont est
formée la Cordillère occidentale.

Avant d'arriver à Roldanillo, sortit d'une
forêt, comme une apparition, une jolie et vigoureuse métisse qui m'invita à me reposer à côté
d'elle. Quel repos!

A 4 heures, j'étais à Roldanillo, situé entre
deux ruisseaux qui vont au Sipi, lequel entre
dans le San Juan. La roche dominante est une
phonolithe des plus sonores renfermant beaucoup de cristaux de pyrite. Nous étions sur le
versant Ouest de la Cordillère occidentale. Je
ne m'en doutais guère. Il faut que la Cordillère

soit singulièrement abaissée en ces parages. Au reste, de Roldanillo, il y a un chemin pour se rendre à San Augustin, dans le Choco, chemin peu fréquenté, il est vrai. A 3 heures au Nord-Ouest, on connaît le village de Caxamarca, dont les eaux vont au San Juan.

27 mars. — Hacienda de Sabaletas. Sortis à 9 heures en passant l'Alto del Lobo, on voit en place l'amphibole compacte, sonore. En remontant la rive gauche du Cauca, nous gagnâmes la rive droite en passant à midi le bac de Mona. A 1 heure, nous suivìmes le chemin de Tuluá à travers la belle forèt de Morra. A 6 heures du soir, le rio de Buga étant guéable, on le traversa sans difficulté. A 7 heures, la nuit nous obligea à faire halte à l'Hacienda de Sabaletas. Mal nous en prit. Nous eûmes affaire à un hôte des plus bavards et à une légion de zancudos des plus désagréables. Nous étions à environ deux lieues du Cauca.

28 mars. — Buga. Partis de Sabaletas à 7 heures, nous étions à 10 heures à Tuluá (alt. 1039 m., temp. 27°). Laissant cette ville à notre droite, nous prìmes la route de Buga où j'arrivai à 4 heures, ayant laissé mes bagages en arrière. Je tendis mon hamac dans une maison près de la rivière et j'allai me présenter au général Obando qui fut enchanté de me revoir. Il m'assura que toute la province du Cauca était pacifiée, et que bientôt il marcherait sur Bogotá. Je pris du chocolat en société de ce sacripant de général.

Le rio Buga sort des montagnes situées à l'Est; il charrie des galets de syénite.

29 mars. — El Cerrito. Il avait plu durant la nuit; je ne pus passer le rio Buga avant 11 heures du matin. A Buga, alt. 985 m., temp. 25°,5.

J'arrivai à la Quebrada de Sonzoz à 1 heure, où je restai pour attendre mes bagages. Les soldats de la liberté m'inspiraient assez peu de confiance pour ne pas les laisser trop en arrière.

A 4 heures, je laissai le rio Sonzoz et, après avoir traversé plusieurs ruisseaux allant au Cauca, las Guavas, las Paporrinas, el Sabaleta, j'entrai à 6 heures dans le hameau d'El Cerrito, où je logeai dans l'école (alt. 1 053 m., temp. 23°).

30 mars. — Palmira. Nous sortons de Cerrito à 7 heures du matin pour nous diriger sur

Palmira. A 10 heures, passé le rio Amaymé sortant d'un páramo dont le sommet est quelquefois couvert de neige, ce qui implique une
hauteur de 4 000 à 4 500 mètres, puis nous
franchissons le torrent de Nima, qui se jette
dans le Amaymé. A 1 h. 1/2, nous faisons halte
à Palmira (alt. 1 085 m., temp. 23°,8).

J'ai vu beaucoup de goitres à Palmira, surtout chez les femmes. On y boit une eau prise
à une *asequia*, un canal dérivant du Himo, près
du point où ce torrent entre dans une plaine
fort étendue. Cette eau tient de l'argile blanche
en suspension. On la laisse reposer pendant
une journée avant d'en faire usage ; néanmoins,
elle est encore laiteuse.

A Palmira, dont Humboldt a fixé la position,
je déterminai la déclinaison et l'inclinaison
de l'aiguille aimantée, ainsi que l'intensité du
magnétisme.

Je logeai dans une grande maison couverte
en tuiles. Dans le sol, le thermomètre indiquait
23°. La température de l'air était, à 11 heures
du matin, 24°,2.

2 avril. — Quebrada Seca. Parti à 8 heures,
j'arrivai à 6 heures du soir à la Quebrada Seca,

après avoir traversé les ruisseaux de Honda, d'Agua Clara et la rivière del Bolo. Mes bagages étaient restés dans un sitio nommé Santa Ana. Les montagnes, à l'orient de la Quebrada Seca, doivent être formées de schistes micacés.

3 avril. — Rio del Palo. Il fallut marcher de 11 heures du matin à 6 heures du soir au pas des mules pour arriver au rio del Palo, qui entre dans le Cauca à 2 ou 3 lieues plus bas. Cette rivière sort du Nevado de Nuila dans la Cordillère centrale. Ce qui caractérise les galets amenés dans la vallée du Cauca par les cours d'eau, c'est l'absence de trachyte.

Alt. du rio Palo 1 111 m., temp. 23°,3.

4 avril. — Mandirá. Du rio Palo, à 8 heures du matin, je me dirigeai sur Caloto, misérable village où, grâce à la feuille de route que m'avait généreusement octroyée Obando, je pus changer mes mules de charge, sans aucune difficulté, le chef politique me prenant pour un affreux Obandiste.

De Caloto, d'où je sortis à 10 heures, je mis 2 heures pour atteindre Quilichado, dont je voulais examiner les lavages aurifères. L'or qu'on retire d'un terrain porphyrique décom-

posé est à un titre très élevé, 21 à 22 carats ;
ces lavages me rappelaient ceux de Santa Rosa
et d'Antioquia. Je regrettai les peines que je
m'étais données pour y arriver. Au milieu des
mines de Quilichado, j'assistai à un orage
effrayant.

J'eus l'occasion de constater un fait intéressant : c'est un grès stratifié, superposé, en couches peu épaisses, à la roche de grünstein porphyrique, exactement comme à Supia et sur
quelques points de la province d'Antioquia. Ce
grès, espèce d'orthose, renfermant un schiste
extrêmement carburé, est si friable qu'il fut
impossible d'en détacher un échantillon.

Mandirá : alt. 1 427 m., temp. 24°,4.

On arriva à la Quebrada, où je pris gîte dans
une cabane.

5 avril. — Venta del Caballo. Avant de partir,
je constatai que la Quebrada Mandirá coule au
N. O. vers le Cauca. Monté à cheval à 8 heures.
En passant la Quebrada à Cascabel, on voit un
grès stratifié quartzeux reposant sur une roche
porphyrique décomposée. Ce terrain est aurifère ; malheureusement, l'eau nécessaire à l'éta-
blissement des lavages manque presque toujours.

A midi, passé la Quebrada Mondomó, après avoir franchi un bourbier où je fis une chute de mule très dangereuse; heureusement, je pus me dégager à temps sans que j'eusse été écrasé par ma monture.

A 1 heure 1/2, traversé le rio Ovejas (alt. 1 363 m., temp. 26°,7) affluent du Mondomó; à 4 heure 1/2, le rio Pescador. Je gravis l'alto del Cabullo, où je pris gîte dans une *venta*, (alt. 1 637 m., temp. 20°,5).

6 avril. — Caxibió. Pendant la nuit, il y eut un violent orage à Cabullo d'où je sortis à 9 heures par une grosse pluie. Je dînai à 2 heures 1/2 à Pieudamo. De cette station (alt. 1 974 m., temp. 19°,4), j'arrivai à 6 heures, complètement mouillé, à la venta de Caxibio, où il n'y avait rien à manger (alt. 1 919 m., temp. 16°,6). Le rio Pieudamo sort du paramo de Guanacas, réuni à Aguas claras. Il va au Cauca.

7 avril. — Popayan. Malgré une forte pluie, et après une insomnie causée par le manque de nourriture, je partis à 8 heures de Caxibió. J'arrivai à midi au Sitio de Palace, où je pus déjeuner. Traversé la Quebrada del Cobra et le rio de Aguas Blancas. A 2 heures, j'étais à Popayan. Je passai le rio Molino sur un vieux pont. Cette rivière enserre la ville avant de se rendre au Cauca. On avait constamment marché sur un porphyre en décomposition.

Popayan me fit l'effet d'une ville morte ; elle ne comptait que 4 000 habitants. Je descendis chez un vieil original, Manuel Varrela, auquel j'étais recommandé. J'y couchai la première nuit. Le lendemain, je m'empressai de chercher un logement à distance, et pour cause. D'abord il me déplaisait de dormir dans la même chambre qu'occupait Varrela, qu'une négresse frictionnait continuellement pour apaiser des douleurs rhumatismales, et puis Mme Varrela prenait avec moi des familiarités compromettantes. Je continuai à prendre mes repas chez ces braves gens, mais je me logeai dans une grande maison où il n'y avait qu'une pauvre dame bien malade, soignée par une négresse, qui ne manquait jamais de faire le signe de la croix dès qu'elle m'apercevait, tant elle redoutait la présence d'un hérétique. Une jeune mulâtresse de la famille Varrela s'était installée chez moi, en qualité de femme de chambre.

Les habitants de Popayan, généralement

assez instruits, ont un vernis de pédantisme. Ils sont poseurs ; on prétend que don Quixote de la Mancha est enterré près de la forteresse, au milieu de l'immense plaza mayor, envahie par l'herbe et entourée de maisons à deux étages, offrant les caractères de la vétusté. Cette ville fut fondée en 1538, par Belalcazar, qui s'était établi à Quito.

Popayan, siège épiscopal, renferme des édifices remarquables, parmi lesquels la cathédrale, bâtie par les jésuites, comme toutes les cathédrales de l'Amérique méridionale, le monastère de San Francisco, où il y a une bibliothèque de 5 000 volumes, deux couvents de femmes.

(Lat. N. 2°26'. Long. O. 79° 9'. Alt. 1 809 m. Temp. 18°,9.)

Deux saisons pluvieuses : de mars à mai et d'octobre à décembre.

Popayan est, assure-t-on, le pays de la foudre. Chaque année, il y a plusieurs personnes tuées par le tonnerre. A Popayan, ainsi que je l'ai observé plusieurs fois sur divers points des Cordillères, les nuages, dans la matinée, s'accumulent le long de la chaîne de montagnes qui domine la plaine. Ils deviennent de plus en plus épais en même temps qu'ils s'abaissent jusqu'à un certain niveau : alors la pluie commence. Il tonne ; c'est l'orage éclatant généralement après le passage du soleil par le méridien.

Je passai agréablement mon temps. Le climat de Popayan est délicieux. Toujours 18° à 19° de température. Mon installation me convenait. Lorsque je rentrais chez moi le soir, ma femme de chambre était là pour faire mon lit : un hamac garni d'une peau de mouton. Mon mobilier, d'une étonnante simplicité, consistait en une table boiteuse, une terrine, une cruche, une chaise, un canapé antiquaille, en cuir de Cordoue, sur lequel s'étendait nonchalamment Juana, avec ses cheveux crépus et ses quatorze ans.

Pour échapper aux puces, la plaie de Popayan, mon nègre Vicente me prenait dans ses bras et m'installait dans le hamac ; puis, une fois couché, il tirait mes bottes à l'écuyère que je gardais du matin au soir ; voici pourquoi. La quantité de puces dans les appartements est prodigieuse. J'imagine que ce qui en favorise la reproduction, indépendamment du climat, c'est le mode de carrelage des planchers, tous faits en briques rapportées, mais non jointées, de sorte que les puces vivent et se multiplient dans la poussière remplissant les interstices. A ma grande surprise, ces puces, petites, plates, ne sautaient pas ; elles marchaient. Est-ce une espèce particulière, ou bien sont-ce des puces ordinaires affaiblies par une alimentation insuffisante ? Aussi, quand elles trouvent un chrétien, il est dévoré. Elles ne peuvent monter sur une surface verticale lisse, ce qui explique l'emploi de mes bottes fortes. Chaque habitant de Popayan est envahi par les puces ; quand on cause avec eux, on les voit fréquemment atteindre un insecte, le rouler entre le pouce et l'index pour l'empêcher de se mouvoir, — je ne dis pas de sauter, — et l'écraser avec l'ongle du pouce. Ce que j'ai vu faire avec les puces à Popayan, je l'ai vu faire à Quito avec les poux.

Les Popayanejos semblent être fort peu sensibles à la piqûre des puces : ainsi Juana était criblée de morsures sur toute la surface du corps à l'exception des seins. Quant à mon nègre, d'abord ces insectes le rendirent furieux :

il ne put fermer l'œil pendant plusieurs nuits ;
puis il s'y accoutuma.

Je note cette particularité assez insignifiante
parce que je l'ai constatée sur ma personne ;
lorsque j'étais la proie des punaises ou des
poux, je finissais par devenir insensible à
l'attaque de ces parasites. J'en ai tiré cette con-
clusion : qu'un individu peut être inoculé, vac-
ciné par le venin de certains insectes.

Pour caractériser la couleur sanguinolente
que prend le linge d'un homme condamné aux
puces, il suffit de dire que M. Mollien, consul
général de France en Colombie, emporta,
comme curiosité à Paris, une chemise qu'il
avait portée à Popayan.

Chaque fois que j'avais terminé les observations que je faisais sur les phénomènes magné-
tiques, et les observations barométriques, je
sortais pour faire des visites, causer et prendre
des renseignements.

Ainsi je passai quelques soirées dans la famille d'Obando, dont la femme était fort aimable, bien qu'on découvrît une teinte de tristesse dans sa physionomie, s'expliquant par le
rôle que remplissait alors le général. C'était peu

après l'assassinat du grand maréchal Sucre, dans lequel on disait tout bas qu'Obando avait trempé. Je vois encore la jeune señora assise au milieu de nous, prévenante, mais silencieuse et n'approuvant pas toujours les projets qu'on discutait devant elle.

La dernière fois que je vis le général, je restai chez lui jusqu'à 10 heures du soir; il m'accompagna, me proposant de nouveau, mais en vain, de marcher sur Bogotá. Deux de ses acolytes nous suivaient à distance, craignant, je n'en doute pas, pour la sûreté de leur chef; car des deux j'étais le seul qui fût armé.

Obando me donna un abraso et nous nous quittâmes. Je ne le revis jamais. Il eut d'abord un grand succès; puis, un an ou deux après, il perdit la vie dans un engagement qui eut lieu sur le plateau de Bogotá. Il ne pouvait finir autrement. Il aimait le sang.

J'oubliais de dire que, lorsque je le rencontrai à Palmira, bien peu de jours avant la colonne envoyée dans le Cauca par le général Urdaneta, je dînai à sa table. Je savais que nombre d'officiers de l'armée de Bogotá étaient ses prisonniers. Je me hasardai à dire, dans

l'intérêt de ces malheureux, qu'après l'insigne
victoire remportée par les soldats de la liberté,
il convenait de se montrer généreux envers les
vaincus et je rappelai ce qui venait de se passer
en France pendant les journées de Juillet. Un
jeune alferez (lieutenant), mon voisin, ne cessait
de me faire sentir son coude, pour m'engager à
me taire : ce que je fis. Obando approuvait la
conduite des chefs des trois glorieuses, quand
mon alferez me dit bien bas : « Taisez-vous
donc ; on les a déjà passés par les armes. »

Un incident semblable s'était manifesté autrefois sur un plus grand théâtre. Après l'insurrection du Caire, Bonaparte donna un grand
dîner auquel assistait l'intendant général de
l'armée d'Egypte, que j'ai connu comme membre
de l'Académie des sciences. Comme je le fis à
Palmira, l'intendant fit entendre des paroles de
clémence en faveur des janissaires révoltés et
faits prisonniers, excusant leur cruauté par le
fanatisme. Un voisin toucha aussi du coude
l'intendant général, en lui disant : « A l'heure
qu'il est, ils sont morts. »

Un haut personnage qui me témoigna une
vive affection à Popayan, ce fut l'évêque Salva-

dor. C'était un Espagnol bien élevé, éclairé, mais un chaud royaliste, un agent, je n'en doute pas, du gouvernement de la péninsule.

Quand il me rencontra, il me dit : « Votre couvert sera mis à l'évêché, et nous boirons un bon verre de bon vin que vous ne trouveriez pas autre part que chez moi. »

Souvent je fus, en effet, dîner chez Monseigneur, dont le vin était délicieux, le service de la table fait dans le meilleur goût et la cuisine excellente. J'aimais d'ailleurs la conversation fort intéressante de l'évêque. C'était un homme approchant de la soixantaine, bien conservé, d'une mise irréprochable. Il vivait, en tout bien tout honneur, avec une dame qui n'était plus de la première jeunesse. Elle ne dînait pas avec nous. Je la voyais peu, elle me sembla bien élevée ; c'était évidemment une société que s'était donnée Monseigneur, peut-être une parente.

L'évêque s'intéressait à mes travaux et m'adressait une foule de questions auxquelles je répondais autant que possible. Son secrétaire, ancien officier de cavalerie dans l'armée espagnole, était entré dans les ordres : un drôle de prêtre, d'une moralité douteuse et dont il fallait se défier.

C'est dans les races de femmes blanches qu'on trouve les ñapangas, de mœurs légères, portant un costume assez élégant, et pas de souliers, mais ayant aux doigts des pieds des anneaux quelquefois d'une grande valeur. Ces dames, très jolies pour la plupart, s'empressent de visiter les étrangers dès qu'ils arrivent à Popayan; heureusement, j'étais très bien surveillé par ma mulâtresse, un vrai chien de garde. Comment ce Cerbère s'était-il installé chez moi? Je l'ignore; tout ce que j'en savais, c'est qu'elle était une esclave de la famille Varela. Est-ce que sa maîtresse lui avait donné mission de me protéger contre les provocations du beau sexe? Je le croirais volontiers.

Un jour, en rentrant chez moi, j'assistai à une scène qui aurait pu devenir tragique. Je rencontrai Juana dans l'escalier, une navaja (couteau) à la main, aux prises avec une ñapanga; sans l'intervention de mon bon Vicente, il y aurait eu du sang répandu. Au reste, ma femme de chambre ne me gênait aucunement. Quand je déjeunais à la maison, elle préparait le chocolat et ne manquait jamais de dire le *benedicite*. De grand matin elle s'agenouillait et priait à haute voix aux premiers coups de cloche des matines : puis elle regrimpait sur son canapé, après s'être assurée que les puces ne me tourmentaient pas. Durant mes absences de la ville, elle restait seule pour garder la maison, étendue alors sur une peau de mouton, près d'une malle où elle savait qu'il y avait de l'or. Après tout, elle était fort discrète, n'ayant qu'un seul défaut bien pardonnable : celui d'exiger que j'admirasse ses seins irréprochables. Elle avait certainement le sentiment de leur valeur.

Cette bonne fille s'absentait ordinairement pendant quelques heures, probablement pour faire son rapport à la señora Varrela.

C'est durant une de ses absences que je reçus la visite d'une ñapanga célèbre par sa beauté et son immoralité. On la nommait *Bayonettica* (petite baïonnette). Elle travaillait avec sa mère, autre ñapanga encore jeune, appelée *Bayonetta*. Vicente, qui n'était pas un cerbère, s'amusa beaucoup de sa présence, tout en redoutant le retour de la femme de chambre, qui eut le bon esprit de n'arriver que lorsque la visiteuse s'était retirée, sans avoir prélevé l'emprunt qu'elle avait voulu me faire. A peine entrée dans la chambre, Juana s'aperçut, par le *parfum*, qu'une dame venait de sortir ; Vicente lui dit le nom de la ñapanga. Rien de drôle comme la colère de la mulâtresse chargée de me garder.

« C'est la plus méprisable des femmes ; figurez-vous, don Juan, que l'évêque a couché entre Bayonetta et Bayonettica, une monstruosité, la mère et la fille. »

Je ne réussis pas à la convaincre que c'était une calomnie et Vicente ne la fit taire qu'en lui montrant ma cravache.

Singulières mœurs ! En voici un autre exemple.

Un *guerillero* de Pasto, fameux par ses crimes, un soutien d'Obando, le commandant Zarria, un zambo, s'empressa de se présenter chez moi, quand il sut que j'étais un ami de l'évêque. Homme grossier, au regard faux, il m'offrit ses services, que je déclinai naturellement, n'ayant à me débarrasser de personne. Il n'était bruit alors que d'une atroce vengeance accomplie par ce misérable. Voici les faits, parfaitement avérés.

La femme de Zarria avait pour amant un beau garçon, aimable. Il n'y avait là rien de bien extraordinaire, étant connues les mœurs du pays. Le commandant fit le simulacre de partir pour une expédition qui devait durer plusieurs jours, puis, la nuit même de sa sortie de Popayan, il s'introduisit chez lui et trouva son épouse dormant du sommeil de l'innocence dans les bras de son cher ami. Le réveil fut émouvant. La dame s'enfuit; alors Zarria fit saisir le jeune homme par quatre de ses soldats, en lui disant : « Ne crains rien, je ne te ferai pas souffrir; je vais te châtrer; la saison est favorable; je m'y connais, car, avant d'entrer au service, j'ai été un habile *capador*. » Cela dit, il opéra le malheureux, puis, mettant les testicules dans un verre d'eau-de-vie, il envoya le tout à la señora Zarria.

Quand on connut cette horrible vengeance, il n'y eut qu'un cri d'indignation. Les femmes étaient furieuses.

J'ai connu le *martyr*. Il guérit promptement; il avait pris de l'embonpoint; sa voix était flûtée et ce qu'il y eut de singulier, c'est que Mme Zarria l'aima avec frénésie, de même qu'Héloïse aima

Abélard; et le plus singulier encore, c'est que les dames recherchaient fort le castrat, par une raison bien connue des physiologistes.

« Oh! chère amie, disait une mondaine, il est vraiment délicieux, ce pauvre inutile; je t'assure qu'on devrait faire châtrer nos maris. »

Dans la simplicité des ameublements chez les principales familles, on voyait cependant des objets qu'on aurait fort prisés en Europe, des fauteuils datant de la conquête, de magnifiques tapisseries en cuir de Cordoue, de la vaisselle splendide et à profusion, datant du xvie siècle.

C'est à cause du voisinage du volcan de Puracé que les tremblements de terre sont si fréquents à Popayan. Dans le cours du siècle dernier, on en a compté jusqu'à 120.

Le 17 mai 1834, à 4 h. 5 m., de l'après-midi, la terre trembla pendant plusieurs secondes. La secousse fut assez intense pour alarmer la population. C'était une invitation à sortir des maisons. Il y avait foule sur la plaza mayor; la terreur était peinte sur tous les visages; les rangs, les castes se trouvaient confondus; on priait, on chantait des cantiques; les uns embrassaient la terre, les autres se confessaient à haute voix;

c'était une scène de la fin du monde. Grandes dames, ñapangas, fraternisaient aux pieds de l'évêque. Après l'oscillation, la crainte se dissipa ; chacun rentra chez soi. Je trouvai Juana priant avec ferveur auprès de ma malle : elle n'avait pas voulu, disait-elle, abandonner le trésor qu'elle s'imaginait être confié à sa garde.

A 7 h. 1/2 du soir, la terre trembla encore, si légèrement que personne ne fut alarmé. La grande secousse de 4 h. 5 m., qui ébranla si fortement le sol dans le sens vertical, ne causa aucun dommage, si ce n'est de bouleverser, de déplacer les meubles dans les appartements.

Je fis de nombreuses excursions ; j'allai voir les prismes porphyriques de Pisojé. M'étant perdu en route, j'arrivai à la Cantara (la carrière) des Yanaconas, à une lieue de la ville ; on en extrait une pierre à bâtir, un trachyte à pâte terreuse, d'un gris clair, renfermant des cristaux de feldspath vitreux et de mica noir hexagonal. La roche est fendillée dans tous les sens ; je n'ai pu reconnaître la relation de ce gisement avec celui des porphyres de Popayan.

Vers le soir, le ciel étant magnifique et les neiges du Puracé découvertes, j'ai pris, de la place, un angle de hauteur du nevado : 5°50'.

Ayant un grand intérêt à constater si le pic de Zotará était réellement un volcan, je partis à 9 heures pour Paispambà ; marchant au Sud, après avoir traversé deux Quebradas, je suivis le chemin del Estrella. A midi, j'étais dans l'hacienda de Chiribió (alt., 2096 m. ; temp., 20",5) tout près du ruisseau de los Robles.

Sortant de Chiribió, on entre dans la *montaña* (forêt). C'était le plus horrible chemin que j'eusse fait, sans en excepter les marécages de Quindiú ; on ne comprend pas comment les mules peuvent passer par de tels bourbiers et gravir une pente assez forte formée d'une suite d'*hoyos* (de trous) remplis d'eau. Grâce à la vigueur de ma monture, j'étais à 2 heures sur l'Alto de las Estrellas (alt., 2664 m. ; temp. 17°,7). La pluie n'avait pas cessé. L'Alto de las Estrellas parait être la continuation de l'Alto de los Robles.

La descente de las Estrellas est aussi mauvaise que la montée ; moins pénible, cependant. On était sur un schiste dans un tel état d'altération qu'on ne pouvait en spécifier la nature.

A 5 heures, je m'arrêtai pour passer la nuit

au molino de Paispambá. La pluie, la fatigue m'avaient donné une forte fièvre. Une femme m'installa dans une sorte de cuisine, en me disant : « Si el señor blanco vient, on vous logera dans la maison. » Le *blanco* arriva ; je passai dans la belle maison, où il ne manquait que des portes et des fenêtres. Je couchai sur une terre humide. Le señor blanco se nommait Caldas : il était neveu de l'infortuné Caldas qui, arrêté à Paispambá, fut conduit à Bogotá, où les Espagnols le passèrent par les armes.

Je ne pus dormir, à cause de la fièvre, des puces, du froid et de la pluie que le vent chassait dans l'habitation. Les environs de Paispambá sont très boisés.

A 9 heures je me mis en route pour la ferme de Zotará, malgré la fièvre, qui ne m'avait pas quitté. Dans le ruisseau de la Chorrera, on voit le grünstein porphyrique. A 11 heures, en passant le rio Danta Salada, je trouvai un schiste micacé, avec rognons de quartz ; le schiste était en couches verticales, direction Est-Ouest.

A midi, j'atteignais l'hacienda où je me couchai dans un lit passable, fortement abattu par la fièvre. Je fus soigné par une jeune fille blanche qui ne cessait de me faire boire du lait chaud. Elle me dorlota, la chère enfant !

Vingt-quatre heures après mon arrivée, j'entrepris l'ascension du Zotará pour m'assurer s'il s'y trouvait un volcan. J'avais mis trois jours pour atteindre l'hacienda.

Personne ne voulait m'accompagner ; les indiens assuraient qu'on courait les plus grands dangers en s'approchant del *pico*, qu'il suffisait de crier, de siffler, pour déterminer la formation d'un orage, pour faire tomber de la grêle. Je résolus néanmoins de partir. Me voyant bien décidé, le vieux majordome et un jeune métis consentirent à m'accompagner. La jeune fille blanche, ma nourrice, m'embrassa, comme si elle ne devait plus me revoir.

A 8 heures, nous passons le Rio Quilcasé, dont les eaux vont à la mer du Sud, après avoir parcouru la vallée de Patia. C'est, au point où nous étions, un torrent si impétueux, qu'il serait imprudent de le traverser à cheval ; aussi a-t-on établi un pont formé de troncs d'arbres.

En partant de Quilcasé, on gravit une côte, en suivant le cours du torrent. A midi, arrivés dans la Quebrada de las Flautas, où on observe le trachyte. Après avoir franchi la région des pajonales, on découvre le pico de Zotará, une masse obscure. Laissant un sentier conduisant au village de Rio Blanco, nous nous dirigeâmes droit vers le pic. A midi, on mit pied à terre ; à 1 h. 1/2, nous étions à la base trachytique de Zotará. En abordant, nous pûmes constater que ce cône n'est pas un volcan ; rien n'indique même un volcan éteint.

Au pied du Zotará : (alt., 3544 m. ; temp., 13°).

A 4 heures, ayant rejoint nos mules, nous reprîmes le chemin de l'hacienda avec une pluie terrible. La nuit nous surprit, avant d'arriver au Quilcasé. Le torrent rugissait par suite d'une crue subite ; les blocs de trachyte, entraînés par les eaux, faisaient un bruit épouvantable ; le pont de bois éprouvait de fortes secousses, et c'était une singulière situation que la nôtre, en traversant l'abîme dans une obscurité complète. J'ignore encore comment nos mules purent franchir le rio sans accident ; probablement que le métis connaissait l'endroit où il devait les lancer sur la rive opposée.

A 8 heures du soir, nous étions de retour à l'hacienda ; mais dans quel état ! Ma jeune nour-

rice, après m'avoir administré un bain de pieds,
me fit coucher et, aussitôt après, m'apporta un
grand bol de lait chaud, que je dus avaler. Décidément. elle m'élevait au biberon. Elle était
elle-même pourvue d'un magnifique appareil
mammaire! Le lendemain, j'étais guéri. J'allai
examiner, de l'autre côté du rio Molino, qui
coule près de la ferme, une montagne d'un aspect bizarre, la Mina Zurco, une roche amphibolique dans laquelle, peu après la conquête,
on a exploité de l'or : car elle contient des cristaux de pyrite. Cette roche est en relation avec
le micaschiste.

Je montai à cheval, à 8 heures, à l'hacienda de
Zotará (alt.. 2256 m, ; temp., 16°,9).

Après avoir plusieurs fois traversé le rio
Paispambá, allant au Quilcasé, j'étais à une heure
à l'hacienda du rio Frio, d'où l'on s'élève pour
redescendre ensuite vers Timbió. A 3 heures, on
laissa le village au Sud pour gagner l'Alto de
los Robles (alt., 2049 m. ; temp., 24°,4).

A 5 heures, Quebrada de las Lajas.

A 6 heures, Las dos Quebradas, porphyre à
cristaux de feldspath servant au pavage.

A 7 heures, arrivée à Popayan, bien mouillé,

bien fatigué. De Popayan, le Zotará est à quelques milles au Sud-Est de la ville. On découvre la Cordillère de Munchique à l'Ouest. Elle se prolonge jusqu'au Choco. Au Sud, la vue est bornée par la chaîne de los Robles.

Munchique est sur une syénite, selon Humboldt, dans laquelle on trouve de nombreux cristaux de quartz remplissant quelquefois des cavernes. Plusieurs de ces cristaux contiennent des espèces minérales, du feldspath, du cinabre, de l'amphibole et des taches dont j'ignore la nature.

Mon hôte, le señor Varrela s'est presque ruiné en exploitant ces cavernes de quartz, qu'il prétendait être du diamant. Ainsi qu'il arrive assez souvent, il commença par être dupe et finit par être fripon. Sa femme ne lui pardonnait pas d'avoir dépensé autant d'argent dans une entreprise qu'elle jugea de suite chimérique. Le pauvre homme me montrait une superbe collection de cristaux de roche en m'affirmant que j'avais sous les yeux des diamants d'un prix inestimable. Je ne réussis pas à le détromper. Je lui dis : « Si c'est bien du diamant, venez avec moi à la maison des monnaies et, si ces cristaux disparaissent sous le moufle des essayeurs, en un mot s'ils brûlent, j'admettrai que vous possédez du diamant. » Il ne voulut pas tenter l'épreuve et se résuma en m'offrant pour une cinquantaine de mille francs les cristaux qu'il me montrait, valant, selon lui, plusieurs millions. Je vis que j'avais affaire à un halluciné.

Lorsque je partis pour Pasto, le señor Varrela me remit une boîte dans laquelle il y avait 1 kilogramme de quartz d'une valeur de 1 million de piastres, m'engageant à en tirer le meilleur parti possible une fois que je serais en France. Comme le paquet augmentait inutilement le poids de mon bagage, je jetai cette richesse dans le rio Molino.

Mais voici où commence la friponnerie : j'avais déposé à la casa de moneda un petit lingot d'or pour le faire monnayer. J'autorisai Varrela à en retirer le produit pour me l'expédier là où je lui indiquerais. Quelques mois plus tard, à la table du général Florès, on me remit une petite caisse de fragments de quartz et une lettre de Varrela m'informant qu'il me remboursait le produit du lingot d'or par plusieurs livres de diamants de la plus belle eau. On rit beaucoup et chacun prit des diamants pour s'en servir comme pierre à battre le briquet. La plaisanterie me coûtait quelques centaines de francs.

Une excursion intéressante fut celle que je fis à los Ubales pour voir la Tetilla de Jolumito. Après avoir franchi le torrent de Pandiguando, près du point où il se jette dans le rio Molino, j'arrivai, en une heure de marche, au rio Cauca qui coule dans un canal très profond. Deux heures après, j'entrais dans l'hacienda de los Ubales, sur le terrain porphyrique décomposé. Dans la terre de tous les champs en culture, on trouve en quantité de très petits morceaux d'obsidienne dont il serait difficile d'assigner l'origine; le Puracé n'en lance pas, le Zotorá non plus. Les indiens prétendent que ces singulières esquilles sont tombées d'en haut; ils les nomment *piedras de rayo* (pierres de tonnerre). J'en ai fait une jolie collection. Il y a de ces obsidiennes absolument incolores, transparentes, d'un beau reflet, et qu'en raison de leur dureté on pourrait utiliser dans la joaillerie.

Près d'Ubales se trouve la Tetilla, ayant, comme le nom l'indique, la forme d'un sein, roche noire, compacte, que l'on prendrait pour un basalte si elle ne renfermait pas des pyrites : c'est probablement un grünstein porphyrique, très amphibolique.

Surpris par un orage, je retournai à Popayan.

XIII

De Popayan, la cime neigeuse du volcan se présente sous l'aspect d'une masse demi-sphérique. On estime qu'il est à 27 kilomètres à l'est de la ville.

A 9 heures du matin, je pris le chemin de Coconuco; à 10 h. 1/2, je fis halte pour attendre mon bagage à un endroit nommé Samenga (alt., 2101 m. ; temp., 18°3).

A midi, j'étais sur l'Alto de la Poblason. De ce point on aperçoit le village de Puracé (alt., 2381 m ; temp., 23°).

De l'Alto de la Poblason, en descendant d'environ 600 mètres, on arrive au rio Cauca. Il coule dans une étroite vallée habitée par des indiens cultivant du maïs et la pomme de terre. On remonte ensuite par un sentier jusqu'à l'Alto de los Pesares pour descendre jusqu'à la rivière qu'on passe sur un pont. On marche sur une roche à pâte terreuse, enserrant des cristaux de feldspath, des fragments de quartz vitreux et du quartz lydien d'un beau noir. On entre alors dans une gorge, Sitio de Coconuco, traversée par un torrent sortant des neiges du volcan de Puracé. Il se jette dans le Cauca.

Il avait plu durant l'après-midi : je logeai près du torrent, chez un métis, el señor Manuel Prado. La nuit, j'eus froid à Coconuco. Le lendemain, à 7 heures, le thermomètre indiquait 11°,6. Je visitai la source thermale, tout près et à environ quatre ou cinq cents mètres au-dessus du village.

Cette source, très abondante, est désignée sous le nom de Cobalo. Elle jaillit du sommet d'un cône de fragments de trachyte agglomérés par une concrétion calcaire recouverte d'une pellicule brune presque noire. A l'intérieur, le calcaire est blanc, fibreux, translucide, ayant quelquefois l'apparence de la gomme ; çà et là, il est enduit de soufre pulvérulent.

Le trachyte est à pâte grise enchâssant des cristaux effilés de pyroxène. La disposition du cône porte à croire qu'à Cobalo il a été brisé, soulevé lors de l'éruption de la source thermale. Le dégagement de gaz acide carbonique et d'acide sulfhydrique est si abondant, si soutenu, que l'on croirait l'eau en pleine ébullition, quoique sa température ne dépasse pas 73°. Le volume d'eau est considérable. Vingt-quatre ans après mon passage, mon ami le colonel Codazzi a trouvé pour la température de cette source 79°. Il y aurait donc eu, dans cet intervalle de temps, une augmentation de 6°. Il ne saurait y avoir d'incertitude sur le point où on prend la température; c'est nécessairement dans le bouillon qui s'élève de 1 à 2 décimètres au-dessus du sommet du cône que l'on doit nécessairement placer le thermomètre. Au reste, il n'est pas démontré jusqu'à présent que la température d'une source thermale soit invariable; il y a tout lieu de croire le contraire d'après les observations faites dans la chaîne du littoral du Vénézuela aux sources de Mariara et de las Trincheras, près Puerto Cabello.

Voici la comparaison des nombres donnés par M. de Humboldt avec les miens :

	Source de	
	Mariara.	Las Trincheras.
1800..	59°,2	90°,4
1829..	64°	96°,9
Différence. . .	4°,8	6°,5

L'analyse que j'ai faite de l'eau thermale de Cobalo près Coconuco, à Puracé, on peut dire sur les lieux mêmes, indiquerait[1], pour la teneur en principes dissous dans un litre :

	Grammes.
Sulfate de soude.	3,89
Chlorure de sodium..	2,75
Bicarbonate de soude..	0,69
Carbonate de chaux	0,10
— de magnésie.	Indices.
— de manganèse. . . .	—
Gaz acide carbonique.	
— sulfhydrique.	Quantités indéterminées.
Azote.	

J'examinai plus tard, à Paris, la concrétion

1. *Annales de Chimie et de Physique*, 2ᵉ série, tome LII, p. 181 : « Considérations sur les sources thermales des Cordillères. »

Ibidem, tome LII, p. 396 : « Examen chimique d'une substance minérale déposée par l'eau chaude de Coconuco près Popayan. »

calcaire déposée si abondamment par l'eau chaude. J'ai trouvé pour sa composition :

Carbonate de chaux.   74,2
— de manganèse.   21
— de magnésie   4
Sels alcalins et perte   0,8
100

J'avais découvert une espèce minérale nouvelle, une dolomie dans laquelle la plus grande partie du carbonate de magnésie était remplacée par le carbonate de manganèse.

La présence du manganèse explique comment la surface de la concrétion émise par l'eau thermale acquiert une teinte noire luisante. C'est une oxydation au contact de l'air, du manganèse entrant, à l'état de protoxyde, dans la constitution du carbonate.

A Coconuco, alt., 2481 m.; temp., 17°7.

A midi, je partis pour la mission de Puracé, où j'arrivai à 1 h. 1/2, au village, après avoir franchi successivement le torrent de Coconuco et celui de Anambió, qui s'unit au Pasambió ou rio Vinagre.

Lorsque je traversai l'Anambió, on me fit remarquer les traces de la grande crue surve-

nue pendant la terrible éruption du Puracé, en
1827. Les eaux s'élevèrent à plus de 20 mètres
au-dessus du lit de la rivière, en charriant un
mélange de boue et de soufre. Un peu plus tard
le Pasambió éprouva une crue tout aussi forte,
durant une éruption boueuse du volcan.

Le curé Figueroa, auquel j'étais recommandé,
me fit l'accueil le plus cordial. C'était un homme
d'une soixantaine d'années, encore vif, alerte et
qui avait donné asile à Humboldt.

« Commandant, me dit-il, j'étais prévenu de
votre arrivée ; je vous ai préparé un logement
dans ma grange, où vous disposerez convenablement vos instruments. Vous y serez très
bien ; chaque jour, vous aurez trois plats pour
votre dîner. »

Il m'avait reçu sur la place de l'Église ; il
m'installa immédiatement, ou plutôt il m'en-
grangea. Il s'arrangea depuis pour m'interdire
l'entrée de sa maison. Pourquoi ? Je le sus plus
tard. Il avait avec lui une jeune et jolie métisse,
sa fille, ainsi que je l'appris par une indiscré-
tion. Au reste j'étais accablé de ses prévenances. Il venait souvent me visiter et il se
plaisait à me voir travailler.

« Cela me rappelle el Baron », me disait-il, et il ajoutait : « J'étais jeune alors, et je l'accompagnais dans ses excursions. »

J'eus pour mon service une matrone négresse à la laine blanchie par les années, excellente femme qui me soigna comme si j'avais été un enfant.

Après avoir monté mon laboratoire, je commençai l'analyse de l'eau de Cobaló.

A Puracé je ressentis le froid, bien que couché sur de bons matelas bourrés de laine.

Mes sondages indiquèrent pour la température moyenne 12°,8. Dans l'air de la Trocha, le thermomètre se tenait entre 16° et 18°.

Altitude prise dans la grange du curé un peu plus bas que la place de l'Église, 2631 m.; temp., 16°,2. Par une hauteur méridienne du soleil prise avec le théodolite j'ai eu, pour latitude Nord du Puracé, 2°19'14".

J'allai au rio Pasambió, la rivière du Vinaigre qui descend du volcan et qui est profondément encaissée dans un trachyte. La cascade du Pasambió tombe, en une seule nappe, d'une hauteur qu'on évalue à 80 mètres. C'est un éton-

nant spectacle. Le terrain étant coupé à pic,
pour parvenir dans l'hémicycle je passai la
rivière bien au-dessous de la chute; puis je
remontai, par un chemin des plus scabreux
tracé à une vingtaine de mètres au-dessus de
son niveau. Pour descendre au pied de la cascade, je fus obligé de me déchausser, tant le
sentier était glissant. Arrivé au fond de l'hémicycle, je fus aussitôt mouillé par une pluie
fine, acidulée, incommode pour les yeux,
résultant de l'eau entraînée par l'air.

J'ai jaugé le rio Vinagre. Il débitait ce jour-
là, en vingt-quatre heures 34 765 mètres cubes
(400 litres par seconde). A mon retour à la
grange, je commençai l'analyse du rio Vinagre,
à la plus grande admiration de mon bon curé,
s'écriant, en me voyant travailler : « Juste ainsi
que faisait el señor Baron... » Je constatai de
suite l'assez forte acidité de l'eau; en y proje-
tant de la limaille de zinc, il y avait aussitôt
dégagement de gaz hydrogène[1].

Les soirées eussent été probablement mono-
tones par la raison que l'éclairage produit par

1. *Annales de Chimie et de Physique*, 2ᵉ série, t. LI, p. 107.
Analyse du rio Vinagre.

une bougie de cire du myrica cerifera ne permettait pas d'écrire; mais, pour me distraire, la
négresse me racontait l'histoire des saints les
plus en vogue de la localité, ceux qu'on invo-
quait pour se débarrasser des insectes nui-
sibles, pour se guérir de certaines maladies;
pour conjurer la grêle, la foudre. Rien de tou-
chant comme cette foi sincère.

Quant au curé, il me donnait des informa-
tions intéressantes, par exemple sur le grand
tremblement de terre qui eut lieu à 6 heures
du soir, un jour de l'année 1827, et le lendemain
matin, à 11 heures, il y avait quatre ans. L'église
du village fut renversée; la cabane d'un indien
oscilla pendant quelque temps; le sol trembla
pendant près d'une heure. La terrible secousse
qui renversa l'église fut ressentie à Pasto;
l'ébranlement n'atteignit pas Quito, tandis qu'à
l'E.-N.-E. le tremblement de terre causa des
désastres à Timaná, à Neybá; il agita le sol à
Santa Fé de Bogota, à Tunjá, sans toutefois
renverser les édifices. Au N., dans la province
d'Antioquia, il n'y eut pas d'agitation.

Il résulte de ces données que le centre
d'action se trouvait dans le volcan de Puracé

qui, ainsi que j'ai dit, vomit des masses énormes de boues liquides et sulfureuses.

Le 20 avril, les indiens ayant jugé que le temps ne serait pas mauvais, je commençai mon ascension à 8 heures du matin, accompagné de deux guides. J'étais à cheval. On monta dans la direction E. Après avoir dépassé Belen et El Thabor, on pénétra dans une forêt, un vrai bourbier.

Toutes ces forêts des terres froides se ressemblent ; elles communiquent au voyageur un profond sentiment de tristesse : des arbres tortueux, rabougris, couverts de mousses et de lichens.

Il était 9 h. 1/2 quand nous y entrâmes. A 10 h. 1/2 nous en sortîmes pour gravir une côte conduisant aux Pajonales. La végétation arborescente avait disparu ; il fallut mettre pied à terre, comme je l'avais fait dans la forêt, et marcher péniblement dans une boue épaisse. En sortant des graminées, je trouvai le trachyte en place. Bientôt nous atteignîmes la région des espeletias frailejon, au milieu de laquelle on rencontrait des blocs de roches trachitiques ; on désignait ce point sous le nom de Cascajal : on avançait dans une direction S.-E.

A peine entrions-nous dans le Cascajal, où je pus monter à cheval, que nous fûmes assaillis par un orage déversant des torrents de pluie et des grêlons de plus d'un centimètre de diamètre ; le vent soufflait du Sud avec une telle violence que je faillis être enlevé.

Il est remarquable que trente ans auparavant, précisément à cette même station, Humboldt essuya aussi une terrible tempête de grêle et que vingt-quatre ans après, toujours dans la même localité, le colonel Codazzi fut renversé, durant une semblable tourmente.

Au delà du Cascajal je mis pied à terre pour gravir la pente conduisant à la soufrière del Boqueron, d'où sortaient des colonnes de vapeur : nous marchions sur du soufre : j'étais dans un piteux état, glacé ; à la grêle avait succédé une neige qui m'aveuglait, lancée par un vent impétueux ; nous avancions au Sud et, pour respirer librement, il fallait regarder au Nord.

Enfin, à midi, nous fîmes halte à l'Azufral, non sans éprouver un sentiment de bien-être en nous réchauffant, nous séchant à la chaleur émanant du volcan. Au-dessous du sol on entendait le bruit qu'aurait produit un liquide en ébullition. La pente N.-O. du Puracé, inférieurement à la limite des neiges, est criblée de fissures, sortes d'évents d'où sort de la vapeur avec un bruit effrayant, mêlée à du gaz acide carbonique. Du soufre est aussi entraîné et se dépose en nombreux cristaux.

Une fois réchauffé et séché, je procédai aux expériences : d'abord sur un point où le jet de vapeur sortait par une ouverture de 30 centimètres de diamètre je présentai la surface extérieure d'un vase rempli de neige ; l'eau condensée présenta cette particularité remarquable qu'elle ne renfermait pas trace d'acide chlorhydrique, contrairement à ce que Gay-Lussac avait reconnu au Vésuve. Un thermomètre attaché à un fil de fer suspendu dans le courant de vapeur marqua $86°,5$. Nous nous trouvions à l'altitude de 4360 mètres. Le mercure dans le baromètre se soutenait à 459 millimètres. Température $13°$. Or, à $86°,5$, la tension de la vapeur est exprimée par $458^{mm},7$ de mercure Par conséquent la vapeur émise en ce point.

au Boqueron était à la température de l'eau bouillante.

A l'altitude à laquelle nous étions parvenus, le terrain éprouvait une trépidation incessante. A 5 mètres de l'évent, le thermomètre se tenait à 49°. Aussi il ne fut pas facile de recueillir le gaz accompagnant la vapeur aqueuse. En opérant à 86° j'y parvins cependant et je trouvai que ce gaz est en grande partie de l'acide carbonique mêlé à un peu d'acide sulfhydrique et d'azote : c'est ce que j'avais déjà constaté au Tolima, ainsi que je l'ai reconnu depuis dans les volcans de l'Équateur.

Ces résultats généraux ont été confirmés par les voyageurs qui ont observé les bouches ignivomes, les solfatares. En Amérique, depuis la Californie jusqu'au Chili, en Europe, en Asie, constamment on a rencontré dans les cratères, dans les fumerolles, la vapeur aqueuse associée à l'acide carbonique, à l'acide sulfhydrique, à l'acide sulfureux ; quelquefois, comme au Vésuve, à l'acide chlorhydrique, à des gaz combustibles.

Après avoir terminé mes expériences exécutées dans des conditions bien pénibles, — car, pendant que d'un côté des bouffées de vapeur me brûlaient, de l'autre j'étais gelé par un vent glacial qui, à plusieurs reprises, faillit emporter les instruments, — je continuai à m'élever jusqu'à la neige où je rencontrai une indienne qui en faisait une provision pour l'emporter à Popayan, où on la leur payait à raison de deux pesos la charge de 100 kilogrammes. D'abord mes guides refusèrent d'entrer sur le glacier ; enfin, j'en décidai un à me suivre ; l'ascension devint de plus en plus difficile. Deux fois le vent me renversa. Enfin, après bien des peines, j'arrivai à environ 200 mètres plus bas que la cime du volcan. La neige était tellement solidifiée et glissante à la surface qu'il eût été imprudent de continuer la marche ascendante ; la pente était telle qu'une chute m'eût coûté la vie.

Là j'ouvris mon baromètre.

Alt., 4 669 m. ; temp., 7°,8.

Je me trouvais, par conséquent, à 300 mètres au-dessous du volcan, en admettant une hauteur absolue de 5 000 mètres pour le sommet. Au-dessous de la limite des neiges, très basses alors, on trouvait des blocs de trachyte stratifié.

Un hygromètre de Saussure bien réglé, fixé à un pieu enfoncé dans la neige, marqua 95 à 97°; on peut dire l'humidité maxima, ce qui m'étonna d'abord; mais en y réfléchissant je compris qu'il n'en pouvait être autrement : le cheveu de l'instrument, de même que mes cheveux, était couvert de gouttelettes de rosée dues à ce que la vapeur s'élevant des régions inférieures se condensait, par suite du refroidissement. C'est aussi ce qui explique pourquoi, pendant ma station sur la plaine de neige, j'étais, d'un instant à l'autre, enveloppé d'un léger brouillard qui disparaissait pour reparaître ensuite. Plusieurs fois j'ai vu ces brouillards intermittents se manifester sur les glaciers.

L'azufral del Boqueron, en y comprenant les nombreux évents qui l'entourent et lancent avec un bruit quelquefois formidable des jets de gaz et de vapeur, ne présentait aucun cas d'ignition ; c'était une solfatare. Les blocs de trachyte scorifiés, fondus sur quelques points, attestaient seuls l'intervention du feu. Or, dans la Cordillère, une solfatare n'est pas un volcan éteint, c'est un état de repos auquel succède,

sans que rien le fasse pressentir, une prodigieuse et terrible activité.

Ainsi le Puracé, si calme lorsque je le visitai,
eut, dans le cours de 1859, une série d'éruptions. Le terrain environnant fut inondé par
une boue liquide laquelle, en se consolidant,
avait formé, au point d'émission, une enceinte
circulaire d'une centaine de mètres de diamètre,
un véritable cratère d'épanchement. Les années
suivantes, les tremblements de terre furent
fréquents dans la province de Popayan : c'étaient
les précurseurs de la catastrophe du 4 octobre 1869.

A 3 heures du matin, le Puracé fit une éruption formidable. Des pierres incandescentes, des
cendres furent lancées à plusieurs lieues de
distance. Les lits de l'Anambió, du Pasambió
s'encombrèrent de boues sulfureuses ; la mission
de Puracé fut détruite. Deux jours après, le
6 octobre, à 3 heures de l'après-midi, il y eut
une seconde éruption. Les projectiles atteignirent la ville de Popayan située à plus de 27 kilomètres à vol d'oiseau. Des masses considérables de matières noires mêlées de soufre dévas-
tèrent toute la contrée. Ces émissions boueuses,

ces *mogas* ne sont pas rares ; aussi les montagnards des Andes disent-ils que leurs volcans
lancent à la fois le feu et l'eau.

A 3 heures, le ciel devint d'un bleu foncé.
Il fallut songer à retourner au point de départ.
Nous essayâmes d'aller à une source sulfureuse
chaude, située au delà d'un ravin profond coupé
de masses de trachytes ayant l'aspect de ruines
de chateaux forts. Nous marchâmes longtemps
sur les bords d'un précipice. Le sentier, ou
plutôt, la corniche devint si étroite qu'on ne
pouvait avancer qu'avec une grande lenteur et
beaucoup de précautions, à cause du verglas.
Nous fûmes obligés d'abandonner notre projet ;
la nuit nous aurait surpris ; nous gagnâmes les
pajonales. Je pris l'altitude du pied du pajonal :
3 546 m. ; temp., 12°,2.

A 5 heures, on arriva à la mission après avoir
joui un instant de la vue qu'elle présente de
l'Alto de Belen. Le curé fut ravi de me revoir.
Aussitôt qu'il m'aperçut, il me cria : « La négresse va vous servir trois plats. » J'en avais
réellement besoin, des trois plats ; on conçoit
que j'avais éprouvé une grande fatigue dans
mon excursion.

Le lendemain, je continuai l'analyse de l'eau acide du rio Vinagre.

	Grammes.		
Acide sulfurique	1,1	monohydr. :	1,3471
— chlorhydrique.. .	1,2117	chlore.. . . .	1,1784
Alumine.	0,4028		
Chaux.	0,1333		
Silice..	0,0237		
	2,8715		

A midi, j'observai le baromètre sur la place de Puracé, située un peu au-dessus du Grango. Alt., 2 720 m.; Temp., 16°,6.

Le 23 avril, à 11 heures, je pris congé de l'excellent curé et de *sa famille*. Il me présenta la jeune métisse, lorsque j'étais déjà à cheval. Je suivis la route de San Isidoro en descendant d'abord dans le lit du rio Vinagre (alt., 2 297 m.; temp., 16°,8).

A 1 heure, je laissai San Isidoro à l'Est ; à 2 heures, je traversai le torrent de las piedras ; à 5 heures, j'arrivai à Popayan, bien mouillé, car la pluie n'avait pas cessé depuis Puracé.

Je continuai à observer les mœurs du pays. Pas mal d'hommes mariés ont une maîtresse

authentique à laquelle ils donnent un fonds de
boutique pour assurer sa subsistance ; la femme
légitime est abandonnée, séquestrée, comme
une femme orientale. C'est ainsi que je découvris, par hasard, dans la famille Varrela, la fille
de la maison que l'on cachait à tous les yeux :
fort jolie personne d'ailleurs, dont le mari vivait
avec une ñapanga tenant une pulperia. Le secrétaire de l'évêque avait aussi une femme en
boutique ; j'allais chez elle, le soir, pour fumer
un cigare.

Je quittai Popayan le 23 mai, après y avoir
séjourné un mois et demi, temps qui me parut
très court, fort occupé d'ailleurs et sous l'influence de ce délicieux climat où l'on vit sans
s'en apercevoir. Le señor Varrela était fort
ému de mon départ, sa femme aussi. Elle avait
pour moi, paraît-il, un amour purement platonique ; mais la grande douleur fut celle de ma
femme de chambre ; elle se nommait, je crois,
Juana. Je n'ai jamais vu une telle abondance de
larmes. C'est qu'une pauvre esclave s'éprend
d'un attachement sincère pour le maître qui la
traite avec bonté. Je lui remplis les deux mains
de pesetas d'argent.

A 1 heure, je montai à cheval pour aller faire mes adieux à l'évêque. Il m'attendait pour me donner un témoignage d'affection : « Vous allez, me dit-il non sans une certaine émotion, dans une contrée qu'on ne traverse pas sans danger, surtout dans la situation politique actuelle ; voici une lettre adressée à MM. les curés de mon diocèse, vous leur en ferez prendre connaissance, et vous ne négligerez pas de la montrer à ceux qui vous sembleraient suspects. »

Cette lettre était, en réalité, un sauf-conduit. En voici la traduction :

« Le lieutenant-colonel don Juan Batista Boussingault est un de mes amis ; il se rend à Quito. Vous lui donnerez les secours dont il pourrait avoir besoin.

« Salvador, évêque de Popayan. »

Je me dirigeai sur Pasto en passant par Timbio où j'arrivai après quatre heures de marche au pas des mules. Le curé me reçut bien ; mais, à peu près à jeun depuis Popayan, je trouvai qu'il soupait fort mal et très tard. Il était servi dans un splendide service en argenterie sur

lequel je ne vis qu'un potage à l'eau et un morceau de lard. Tombant de fatigue, je pus enfin
m'étendre sur un grabat.

Alt. de Timbio, 1860 m. ; temp., 19°,9.

Le village est à mi-côte sur la rive gauche du
rio Timbio, entouré de chênes gigantesques
(*quercus Humboldtii*).

Le 24 mai, à 11 heures, on descendit dans la
Quebrada de las Piedras ; puis, remontant jusqu'à l'Alto de las Cueritas (alt., 2000 m.), nous
redescendîmes dans le rio Quilcasé (alt., 1377 m. ;
temp., 24°,4).

Le village de Timbio est sur une cuchilla
(arête) prolongation de la Sierra de Tambo, à
l'O. de Popayan, ligne de faîte ou de partage
des bassins du Cauca et du Patia.

Le rio Patia est un fleuve dont le cours est
des plus étranges, sur lequel le voyageur est
exposé à commettre des erreurs à cause des
diverses dénominations que lui appliquent les
indiens.

Sorti du prétendu volcan de Zotará, sur sa
longueur totale qui n'est pas moindre de 400 à
500 kilomètres, le Patia parcourt 80 kilomètres
sous le nom de rio Zotará, de rio Quilcasé ; il ne

prend celui de Patia qu'après l'entrée du rio de Timbio. Il coule alors entre deux chaînes de montagnes, où il reçoit successivement les rios Guachicon, Mayo, Juanambú, Guaytara. Alors, comme s'il avait rompu une digue, il remonte tout à coup vers le N.-N.-O. pour se jeter dans l'Océan Pacifique.

A 5 heures je pris possession d'une posada, à la Orqueta, où il y a quelques misérables cabanes et où le mauvais temps m'obligea à rester toute la journée du 25. Au reste, tout aussi bien que moi, les mules avaient besoin de repos.

J'y fis cette curieuse remarque : c'est que, dans un rayon de soleil pénétrant dans ma demeure à peu près obscure je ne vis aucune de ces particules qu'on est accoutumé à voir suspendues dans l'air. Ce fait était dû sans doute à la transparence de l'air. Par la pluie tombée sans interruption depuis vingt-quatre heures, le terrain environnant était mouillé sur une grande étendue.

Le 26, la Orqueta (alt., 1 520 m. ; temp., 17°,2). A 8 heures, je quittai avec plaisir mon gîte où j'avais passé deux nuits sous un toit abritant

une femme bien malade, plusieurs petits enfants, des poules et un porc.

Je trouvai, pour la température du sol, 19°,2.
A 10 heures nous glissons, par un chemin bour-
beux, jusqu'à la quebrada de Portachuelo.
A 11 heures, nous passons le torrent Smitá
charriant des blocs de quartz arrachés probablement au micaschiste. Près de l'hacienda de
Smitá (alt., 1158 m. ; temp., 25°,4) on exploite
un calcaire qu'on transforme en chaux : c'est
vraisemblablement le dépôt d'une saline. J'ap-
prends en effet que, dans l'hacienda de Quilcasé, il y a des sources salées.

Longeant le torrent, nous traversons la Quebrada de Salvaleta dont, assure-t-on, le sable,
provenant de débris porphyriques, est aurifère.
On aperçoit aussi, dans le lit de la Quebrada,
des strates de ce singulier dépôt arénacé signalé
à la Vega de Supia, recouvrant les roches à gisement d'or. On continua à marcher sur un sol
aride, exposé à un soleil dévorant. Il n'était que
2 heures quand nous atteignîmes le sitio de los
Arboles où il y avait un rancho entouré de
quelques arbres venus au milieu de la savane.
Nous campâmes là, après avoir eu le soin de

préparer les armes et de tenir prête la lettre de l'évêque, car nous craignions une attaque des brigands infestant le pays. Après avoir posé une sentinelle je m'endormis profondément, grâce à la fraîcheur de la nuit et au silence.

Aux Arboles (alt., 1 475 m. ; temp., 29°,9). Je relevai la Orqueta au N.-N.-E.

A l'Est, on voit la route conduisant à Almaguer.

Le 27, en route à 8 heures. A midi, Quebrada del Limoncito (alt., 1 086 m. ; temp., 28°). Au-dessus, on suit des strates d'allure inclinant vers la Cordillère.

L'après-midi, nous avions à gauche le rio Guachicon, formé par les rios San Pedro, Limoncito et San Antonio.

A 5 heures, nous étions au sitio del Bordo, d'où l'on domine la vallée de Patia. On n'y aperçoit que quelques maisons habitées par des mulâtres devenus fameux dans la guerre de l'Indépendance par les atrocités qu'ils ont commises sur les troupes de la République par leur attachement à la cause royale. C'était pour moi, qui ne dissimulais pas ma qualité, un dangereux voisinage.

C'est au Bordo que réside ordinairement le curé de Patia. Je lui fis une visite. Déjà prévenu de mon arrivée, il me demanda des nouvelles de mon ami, l'évêque de Popayan ; il me donna sa bénédiction, le gredin, comme un crapaud lance son venin. A mes yeux, j'avais devant moi un vrai chef de brigands. Je n'aurais jamais pu me faire une idée de l'ignorance de ce misérable s'il ne m'eût accablé de questions. J'étais à peine entré qu'il me demanda si Paris était plus grand que la France; s'il y avait des courriers dans mon pays; si les soldats français savaient se servir de la baïonnette; s'il était permis aux Anglais d'entrer à Rome, etc., etc. Il les plaignait de persister dans leur hérésie; il me fit l'éloge de la nation espagnole, la plus riche, la plus puissante du monde, et ajouta : « Si demain je criais : vive le roi ! vous verriez, commandant, tous les habitants de la vallée de Patia se ranger autour moi. A ce cri, les morts ressusciteraient. »

Puis, à mon grand étonnement, il me demanda si j'avais lu Télémaque. Lui ayant traduit : « Calypso ne pouvait se consoler du départ d'Ulysse », il fut ravi, et s'écria : « Il a lu

Télémaque ! » Sur ma route, plusieurs curés me firent cette question : « Avez-vous lu Télémaque? » ce dont j'étais étonné ; mais tout me fut expliqué quand j'appris qu'un colporteur, qui m'avait précédé, portait un chargement de Télémaque en espagnol, qu'il vendait sur son chemin.

Le curé de Patia semblait un spectre, effet du climat, selon lui : depuis des mois, il ne pouvait monter à cheval à cause de deux *encordes* (poulains). Je lui conseillai un traitement mercuriel dont le *saint* homme avait le plus grand besoin. Je refusai le souper que m'offrait ce dégoûtant personnage ; j'allai coucher dans la cabane d'un vieux *partisan*. Avant de me hisser dans mon hamac je renouvelai devant lui les amorces de mes armes à feu.

Au Bordo (alt., 1 011 m. ; temp., 23°,5).

28 mai. — Nuit bien désagréable que celle du Bordo. Impossible d'y fermer l'œil ; j'avais pour compagnons de chambre des négresses et leurs négrillons étendus sur le sol, exhalant une odeur repoussante. Plusieurs porcs avaient envahi le logement. Le pire était qu'une partie de la famille occupait au-dessus de moi une barbacoa, sorte de soupente d'où tombait une poussière suspecte. La pluie m'empêchant d'aller coucher au dehors, je me mis à fumer pour conjurer les miasmes.

A 9 heures, je descendis vers la vallée en suivant un ruisseau ; à midi j'entrais à Patia.

Quels habitants ! La chaleur était étouffante. Dans une maison où je déjeunai, le propriétaire malade me prit pour un Espagnol. Je me gardai bien de le détromper.

Patia a un climat mortifère. Personne ne peut s'y acclimater ; on vit au milieu d'un marécage ; l'eau qu'on y boit est chaude, cause prononcée d'insalubrité, d'après mon expérience.

A Patia : alt., 697 m. ; temp., 30°,5.

En descendant vers le rio Guachiron, la roche paraît être un grünstein en fragments globulaires, que je crois appartenir à un dépôt alluvial renfermant, en outre, des cailloux de micaschiste, de granite, de porphyre.

A 5 heures, on franchit la rivière dont les eaux étaient très hautes ; par un gué sûr, près duquel entre le rio San Jorge. Au bord du Guachiron : alt., 635 m. ; temp., 24°,4.

Le San Jorge, que nous devions traverser

d'abord, est divisé en trois branches généralement peu profondes. Cependant nous faillîmes
y faire naufrage. Notre *arriero* (muletier) voulut
passer le premier bras, le plus fort. Il était
guéable ; j'y lançai ma mule ; je m'aperçus
qu'elle faisait de grands efforts pour résister au
courant ; mais comme l'eau n'atteignait pas la
sous-ventrière, je jugeai qu'il n'y avait aucun
péril ; une des mules de charge qui suivaient de
près, n'ayant pas une hauteur suffisante, fut entraînée, elle tourna plusieurs fois sur elle-même ;
nous la crûmes perdue ; son chargement consistait en deux malles contenant mes effets, mon
journal, des instruments précieux et mon trésor.
Heureusement, le courant l'ayant portée à l'extrémité de la plage, elle réussit à prendre pied.
Tandis que je considérais tristement la perte
que j'allais subir, l'arriero cria avec désespoir :
« Que tout soit perdu ; mais pour l'amour de Dieu,
hâtez-vous de passer, la rivière est en croissance ; si nous tardons, nous périrons tous ! »

L'avis était salutaire, le danger imminent. Je
me jetai dans l'autre bras ; les mules suivirent ;
enfin le passage du troisième bras s'opéra aussi
heureusement.

Il était temps : si nous eussions tardé quelques minutes, nous étions noyés. A peine avions-nous atteint la rive opposée que la plage était inondée. Les trois bras n'en formaient plus qu'un ; le torrent croissait à vue d'œil en produisant un rugissement terrible causé par le roulement des blocs de roche ; la pluie tombait avec accompagnement de tonnerre : c'était une scène épouvantable.

En fuyant l'inondation, nous trouvâmes au milieu d'un bourbier une misérable cabane, où vivait la famille d'un nègre : tous, père, mère, enfants, étaient affectés d'un mal vénérien et couverts de dégoûtantes *bubas*. On réussit à suspendre mon hamac dans ce rancho : ce fut une bonne fortune, car sur le sol coassaient des crapauds hideux.

29 mai. — Les zancudos, une armée de cucurachas (blettes), le coassement des batraciens me privèrent du sommeil qui m'eût été bien nécessaire, après une journée aussi fatigante. Deux mules s'étant égarées, nous ne pûmes partir avant une heure. J'employai la matinée à sécher, à un pâle soleil, des papiers, des livres qui avaient été mouillés.

Nous rencontrions toujours les puissantes alluvions stratifiées du fond de la vallée.

A 5 heures, on fit halte à l'Alto de la Mojarrá, dans une *venta*, où nous eûmes de la viande fraîche, d'excellente chicha et pas de mouches. Nous avions traversé trois cours d'eau, avant d'arriver : le Poturito, le Cangrejo, et enfin le Mojarrá allant au rio Patia.

30 mai. — Je passai une nuit réparatrice à l'Alto de Mojarrá (alt., 1 018; temp., 22°). A 9 heures, je laissai l'Alto. Nous marchions toujours sur les alluvions stratifiées. On aurait pu se croire dans les plaines de Malequito et d'Hagui, sur la rive gauche de la Magdalena : même paysage, même chaleur, même misère.

A midi, on arriva au village de Mercadera; (alt., 1 236 m.; temp., 27°,7). Depuis le rio Guachiron, nous cheminions au S.-O. A 4 heures, pour nous soustraire à un soleil dévorant, nous prenons gîte au sitio de Sombrerillo, dans une cabane remplie de malades, de moribonds. (Alt., 1 271 m.; temp., 29°,7.)

1er juin. — Partis de Sombrerillo à 9 heures, nous cheminons constamment sur l'alluvion stratifiée. Dans la vallée du rio Mayo, cette alluvion attire mon attention par l'immense quantité de trachyte poreux blanc, celluleux, ayant des lamelles de mica noir; ces fragments de ponce ont une forme ovoïde. En descendant vers le salto de Mayo, on me signala la demeure d'Erazo, un des plus fameux bandits de Patia. A midi, j'étais sur le pont du Mayo (alt., 1 187 m.; temp., 27°,7), où je m'arrêtai pour contempler la beauté du site. Le pont est construit en pierres, à plus de 13 mètres au-dessus de la rivière encaissée entre deux murs taillés à pic. Vers le haut, une des roches présente une saillie si rapprochée de la roche opposée qu'il semble qu'on pourrait aisément sauter de l'une à l'autre; c'est entre ces deux roches de trachyte que se précipite le torrent formant un peu en amont du pont une belle cataracte : el salto de Mayo. La splendeur de la végétation, cette cascade tombant avec fracas, présentent un spectacle imposant. On n'est pas 'dans la solitude.

Je me décidai à prendre les devants et ne tardai pas à me perdre. M'étant dirigé vers les cuchillos, je fis la rencontre d'un homme à la mine peu rassurante; peut-être était-ce Erazo?

il me remit dans mon chemin ; j'avais marché
inutilement pendant deux heures.

La propriétaire de la venta où j'abordai,
excellente femme, témoigna une vive inquiétude, à la vue de mon collet rouge. « Entrez ici,
me dit-elle, dans cette pièce ; et, quoi que vous
entendiez cette nuit, ne bougez pas. » Puis elle
me fit cacher ma selle et mes malles dans la
maison.

Il y avait un angelito, un charmant petit
enfant mort, placé sur une table, entouré de
fleurs, et la mère éplorée, assise à côté de lui,
pendant que l'on dansait un fandango effréné,
que l'on buvait avec excès pour célébrer le départ de l'âme du chérubin pour le paradis.
Rien de plus navrant que ce contraste d'une
profonde douleur et d'une gaîté folle. Plusieurs
fois il m'avait été donné d'assister à cette triste
scène de l'angelito.

Vers minuit j'entendis crier : « Quien vive? » et
une voix partie de l'extérieur répondre : « El
Rey. » Je compris de suite que je me trouvais au
milieu d'un parti royaliste : c'était un concilia-
bule des pastusos en insurrection. On discuta vivement. Mais, à travers la porte de ma chambre,

je ne pus comprendre ce qu'on disait. Une heure après, les conjurés s'en allèrent.

A mon réveil la bonne hôtesse m'annonça que je pouvais sortir pour déjeuner; elle ajouta que celui qui avait répondu « El Rey », était le fameux Erazo. Le fait est que l'excellente femme avait tenu ma vie entre ses mains. J'appris que j'avais passé la nuit dans la chambre où le grand-maréchal Sucre avait couché la veille du jour où il fut assassiné.

Sur ce terrible événement je dois reprendre les choses de plus haut :

Après les désastres du Pérou, les États constituant, par leur réunion, la République de Colombie, Vénézuela, Nueva - Granada et l'Équateur, manifestèrent l'intention de se séparer pour former trois États indépendants. Vénézuela eut son congrès, puis Bogota. L'Équateur, administré par le général Juan José Florès, résolut aussi de s'émanciper et, de plus, d'assimiler au nouvel État la province de Pasto. Le général Mosqueta, élu président de la République du centre (Bogota), enjoignit au commandant général de Popayan d'occuper au plus tôt

Pasto, avec le régiment Varylas, pour déjouer
les projets de Florès.

Le grand-maréchal d'Ayacucho, Sucre, se
trouvait alors à Bogota, se disposant à se rendre
à Quito pour y rejoindre sa famille. Il promit
au vice-président Caïcedo d'user de toute son
influence pour éviter la séparation des dépar-
tements du Sud.

Sucre partit de Bogota par la route de
Popayan à Pasto, quoique plusieurs de ses amis
lui eussent conseillé de prendre le chemin de la
vallée de Cauca et de s'embarquer à Buenaventura pour Guayaquil; ils craignaient pour la
vie de Sucre s'il traversait les provinces de
Pasto et de Patia remplies de misérables parmi
lesquels il comptait de nombreux ennemis per-
sonnels, à cause de la guerre implacable de
1822 à 1823. Le grand-maréchal fut inflexible.
Il arriva néanmoins sans encombre à Popayan.
On sut depuis qu'aussitôt l'état-major expédia
un courrier au commandant général de Pasto,
Obando. On engagea de nouveau Sucre à se
rendre à Buenaventura; mais le désir de revoir
sa femme, sa fille, lui fit encore repousser cette
sage proposition et, sans demander une escorte,

il se mit en route, accompagné seulement du député de Cuença, Garcia Trelles, et de deux domestiques. J'ajouterai ici que ce fut par suite de circonstances particulières que je n'étais pas avec le grand-maréchal, car il avait été convenu que je le suivrais à Quito.

Au salto del rio Mayo, Sucre coucha chez Erazo, le 2 juin ; il ne fit que deux lieues et s'arrêta à la venta, où il fut surpris de trouver Erazo qu'il avait laissé en arrière. Quelques heures après arriva le commandant Zarria, venant de Pasto ; Sucre comprit de suite que la rencontre de ces deux misérables n'était pas fortuite et que sa vie était menacée et, bien que Zarria leur dît qu'il se rendait à Popayan pour une mission urgente, il ordonna à ses assistants de mettre leurs armes en état.

Le 4, à 8 heures du matin, Sucre et ses compagnons sortirent de la venta pour entrer immédiatement dans l'épaisse forêt de Berrucos. A peine avait-on fait une demi-lieue qu'à l'angostura de la Jacoba, où le chemin très rétréci est ouvert dans un fourré des plus épais, il partit un coup de fusil, et Sucre s'écria aussitôt : « Une balle ! » Au même moment il y eut

trois autres coups tirés de l'un et de l'autre
côté du chemin. Le grand-maréchal tomba,
frappé de quatre balles. Son assistant principal, qui le suivait de près, vola à son secours,
et le trouva mort. Il descendit à la venta
chercher des hommes pour y transporter le
corps du général ; les assassins le suivant sans
quitter le fourré l'appelaient par son nom, et
lui criaient qu'il n'avait rien à craindre. De la
venta, personne n'osa le suivre pour aller dans
la forêt. Ce ne fut que le lendemain matin
qu'on enterra Sucre, tout près de l'endroit où
il avait été frappé et qu'on posa une croix
sur sa tombe. Sa mort produisit une grande
sensation ; on l'attribua, non sans raison,
selon moi, au général Florès et à Obando qui
avaient intérêt à voir disparaître le grand-
maréchal ; Zarria et Erazo avaient été les exécu-
teurs.

Sucre fut un des hommes les plus considérables parmi les libérateurs de l'Amérique du
Sud. Il possédait au plus haut degré l'esprit
militaire. La victoire qu'il remporta sur les
Espagnols à Ayacucho fut décisive ; l'armée
castillane, commandée par Espartero, mit bas

les armes et obtint, par capitulation, la faculté de s'embarquer pour la mère patrie; les officiers qui en témoignèrent le désir purent entrer dans l'armée de la République.

Le 4 juin 1831, précisément un an après l'assassinat, je quittai la venta à 7 heures pour pénétrer dans la forêt de Berrucos. A 8 heures, je passai près d'une clairière, à droite de la route, nommée la Capilla, parce qu'il y eut autrefois une chapelle. Il n'y avait alors qu'une grande croix formée de deux troncs d'arbres : c'est à cet endroit qu'on enterrait ceux trouvés morts dans la forêt. Là repose le corps de l'infortuné grand-maréchal. Je mis pied à terre, et je me découvris; mes gens s'agenouillèrent pour prier.

Bientôt nous parvînmes à la Jacoba, à l'angostura, où les assassins s'étaient embusqués pour faire feu sur Sucre.

A 1 heure nous étions à l'Arenal, le point le plus élevé de la forêt, où je déjeunai debout, sous une pluie battante. (Alt., 2779 m.; temp. 16°,2.) La descente fut difficile; on suivait un ravin rempli de cailloux roulés de grünstein.

A 2 heures nous sortîmes enfin de la forêt. Je reconnus la syénite porphyrique en place, en tout semblable à la roche noire des mines d'or de Marmato.

A 5 heures, nous arrivâmes bien mouillés dans une hutte, à un endroit désigné sous le nom de Oloya, où je résolus de passer la nuit; les mules n'auraient pu aller au delà. Au milieu de la cabane, un foyer et, tout auprès, une femme occupée à tisser un puncho ou rouanes. L'ouvrage me parut parfait; mais, au prix de quel travail : pour filer la laine, la teindre, la tisser, il ne faut pas moins de trois mois. Le puncho se vend de 16 à 20 pesos (80 à 100 francs). Quant à la teinture, le bleu vient de l'indigo, le rouge, de la cochenille ; le jaune, d'une plante fort commune dans le pays et, comme alcali, de l'urine putréfiée. Quant à l'alun, usité comme mordant, on en trouve partout d'abondantes efflorescences.

Près de la cabane on distinguait des escarpements inaccessibles d'une roche ayant une blancheur éblouissante, dont on trouvait des blocs dans le ruisseau voisin; je n'avais jamais vu roche semblable : elle était composée d'une pâte d'un grain très fin, dans laquelle étaient disséminés des cristaux de feldspath altéré et de quartz.

A Oloya : alt., 1 800 m. ; temp., 19°,4.

5 juin. — La fumée me fit sortir de mon hamac. Je ne pus partir d'Oloya avant midi, deux mules étant restées la nuit dans la forêt. On suit la crête d'une cuchilla (arête) conduisant au torrent très encaissé de las Masamoras, où l'on voit entrer la Quebrada d'Oloya.

A 1 heure et demie, dans une maison de belle apparence, la Cañada, nous nous régalâmes d'un sancocho de pommes de terre. Jusqu'au torrent de las Masamoras, on n'avait cessé de marcher sur la syénite porphyrique, riche en pyrites probablement aurifères ; nous retrouvâmes alors la puissante et singulière alluvion stratifiée de Patia. (Alt. de la Cañada 1517 m.; temp., 29°,7.) Trouvé, pour la température souterraine de la Cañada 20°,1.

Mon bagage n'étant arrivé qu'à 4 heures, il me fut impossible de partir ce jour-là.

6 juin. — Il avait plu toute la nuit ; la crue du Juanambù était si forte que l'arriero ne voulut pas en tenter le passage. Nous demeurâmes encore à la Cañada ; j'appris que le propriétaire de cette maison et son fils avaient été assassinés.

7 juin. — La pluie ayant cessé, le Juanambú devint guéable pour les mules ; nous mîmes une heure pour descendre au *paso*. Le torrent vient, on pourrait dire tombe du páramo de Apunto. Il coule avec fracas, entre deux murs perpendiculaires de porphyre, formant un étroit canal ; sa rapidité est telle que l'eau, violemment agitée par les roches qu'elle charrie, ressemble à une masse d'écume. C'est un spectacle saisissant, fréquent dans les Cordillères, que l'on ne se lasse jamais d'admirer, comme celui des cataractes.

On traverse le Juanambú à l'aide de tarabitas différant de celles que j'ai décrites par cette disposition commandée par un accident de terrain qu'il y a en réalité deux tarabitas posées parallèlement et allant en sens contraire, chacune ayant son point de départ plus élevé que le point d'arrivée, c'est-à-dire que les cordes, ou plutôt les lanières de cuir, sont tendues en formant un plan incliné unique au-dessus de la rivière. Une fois placé dans la silla, le voyageur glisse d'une rive à l'autre, très rapidement. J'éprouvai pour ma part une sensation agréable dans ce mode de transport, tandis que, dans les tarabitas ordinaires, le faisceau de lanières étant tendu horizontalement, on glisse d'abord par l'effet de la pesanteur jusqu'au milieu de la course, à partir de laquelle le pasero de la plage opposée vous hale, avec une corde, pour vous amener à lui.

La tarabita de Juanambù, comme plan incliné, trouverait peut-être des applications (alt., 1 179 m. ; temp., 23°,3).

Les hommes et le bagage passent par la tarabita ; les chevaux et les mulets traversent le torrent. Il faut les forcer à passer dans l'eau. Quant à moi, je n'aurais jamais pensé qu'ils pussent lutter contre l'impétuosité du courant. Ils disparaissaient d'abord pendant un instant pour reparaître ensuite, de l'autre côté, mais beaucoup plus bas que l'endroit d'où on les avait lancés. Les pauvres bêtes n'ont pas seulement à vaincre la rapidité du torrent ; elles sont en outre exposées à se heurter contre les carniceras, les blocs de roche dispersés dans le courant. Ma bonne mule, l'infatigable, éprouva un accident de ce genre : elle fut blessée au sabot d'un des pieds de devant; il fallut opérer une saignée et je ne pus la monter avant sa complète guérison.

L'arriero, que je questionnai sur le danger de ce passage pour les bêtes de somme, m'assura qu'il n'y avait aucun accident à craindre, tant que l'animal n'était pas harnaché.

A trois heures, nous gravîmes une pente des plus fatigantes à cause des cailloux; nos mules furent bientôt despesadas (boiteuses). Je montai à pied bien péniblement. Arrivés sur une esplanade d'où l'on embrasse le cours du Juanambú, nous gagnâmes Ortega, où l'on cultive la canne à sucre. Schiste incliné à l'est. (Alt., 1 836 m.; temp. 18°,9. Temp., du sol, 12°,4.)

8 juin. — A 9 heures, par une montée assez rapide, nous parvînmes sur une esplanade où je vis encore le schiste plongeant à l'Est, incliné de 80°. Il est argentin, abondant en couches de quartz blanc grenu, plongeant dans l'alluvion. Nous étions à Meneses à 1 heure et demie, en terra fria. (Alt., 2 503 m.; temp., 14°,4.) Un ruisseau coule près de la route. A quelque distance de là, une masse de trachyte émerge de la terre végétale.

L'entrée de la hutte où je passai la nuit à Meneses était close par un cuir de bœuf. Toujours le foyer au milieu de la pièce, la fumée sortant par une ouverture pratiquée dans le toit. Je me trouvai en société d'une dinde et d'une poule avec leurs petits, de l'indien, de sa femme, de quatre enfants et de six étrangers, sans me compter. Pour la première fois, je remarquai aussi une nombreuse famille de cochons d'Inde. La surface de la cabane était de 16 mètres carrés, l'arche de Noé, avec ses poux et ses puces ; je fis tendre mon hamac. La nuit ayant été très belle, par conséquent froide, le thermomètre suspendu à 1 m. 50 au-dessus du sol marquait 6°,7. Un autre déposé sur l'herbe couverte d'une forte rosée indiquait 4°,4. Cette basse température était due au rayonnement nocturne.

9 juin. — A 8 heures, je partis de Meneses en y laissant ma mule éclopée, que je recommandai à l'indien. Nous pénétrâmes bientôt dans la forêt pour nous élever continuellement par un chemin pierreux exécrable. A 10 h. et

demie nous étions au **Tambó** de Ovispo (alt.,
2 931 m. ; temp., 16°,1).

On perdit une heure à laisser défiler un con-
voi de mules portant à Popayan de la farine, du
froment et du maïs. A 3 heures, on atteignit
l'Alto de Aranda (alt., 3 076 m. ; temp., 16°,6),
d'où l'on découvre Pasto ; une fort belle vue
sur une vaste étendue de prairies. Après une
descente tout aussi pénible que l'avait été
la montée, je fis mon entrée dans la ville. Il
était 4 h. et demie. Les cités des régions froides
m'ont toujours paru tristes, mornes. Pam-
plona, Tunja, Bogota, ont un cachet monastique
déplaisant. Pasto était alors dans un état déplorable. La population, que l'on estimait à 20 000
âmes au temps de sa splendeur, était réduite à
8 000. Partout les mêmes ruines que j'avais
vues à une époque antérieure, au plus fort
de la guerre. Les maisons ont cependant belle
apparence ; la plupart étaient alors inhabitées.
L'industrie du tissage des étoffes de laine, la
confection des chapeaux de paille, autrefois si
actives, étaient loin d'être prospères.

Fondée vers 1539 par Belalcazar, un des
lieutenants de Pizarro, Pasto possède des édi-

fices assez remarquables; l'église de Santo Domingo, la cathédrale sur la Plaza Mayor; plusieurs couvents.

Par sa hauteur, sa position, le climat de Pasto se rapproche de celui de Santa Fé de Bogota. (Alt., 2610 m.; temp. moy., 14°,7. Lat. N. 1° 13′ 5″. Long. O. 79° 41′ 40″.) Le lendemain de mon arrivée, à 6 heures du matin, le thermomètre se tenait à 6°,7.

Je présentai la lettre de l'évêque de Popayan au curé. Il me fit un charmant accueil : « Je vous attendais », ajouta-t-il. Décidément j'étais sous la protection du clergé. Il m'avait fait préparer une grande maison, et il mit à ma disposition un ancien soldat espagnol pour garder le logis quand je m'absenterais. Mes repas, je devais les prendre dans le couvent des Augustins. Tout était prévu.

La première cérémonie à lequelle j'assistai fut la fête de l'Octave du Corpus : autels dressés dans les rues, troupes sous les armes ; indiens déguisés en marquis de l'ancien régime et dansant en cadence en précédant la procession, presque tous en état d'ivresse, buvant tout le jour de la chicha, et, la nuit, se bourrant de lo-

cro (pomme de terre) et de leur gibier favori,
le cochon d'Inde. Je fis cette observation que
les fusils des miliciens étaient fort bien entre-
tenus ; on me répondit : « Oui, parce que c'est
pour le service de l'Église : mais qu'on les com-
mande pour tout autre service, il n'y aura plus
ni miliciens, ni fusils. »

Le padre Urban, le prieur des Augustins, vint
me chercher pour me conduire dans le couvent
occupé par huit ou dix frères. Le premier repas
fut excellent, cérémonieux, grave, ennuyeux,
on n'en finissait pas avec le Benedicite, les
Grâces. Je formai à part moi le projet de faire
la cuisine dans mon domicile ; mais peu à peu
la glace fondit ; et bientôt, à souper, les révé-
rends pères se firent servir par des indiennes et
des mulâtresses. On n'était plus intimidé par la
présence du commandant ; il buvait très bien le
vin des messes et entendait sans rougir les plus
gais propos, des chansons plus ou moins ob-
scènes. Ce sont les moines qui m'apprirent « la
Moliñera ». Délicieux moines, après tout.

Le soir, le padre Urban, déguisé, m'emmenait
avec lui pour chanter, en s'accompagnant d'une
mandoline, sous le balcon d'une señora. C'était

l'érudit de la communauté. Par exemple, il me fit un jour cette réflexion qu'il était bien extraordinaire qu'en s'évadant de l'île d'Elbe, Napoléon soit venu débarquer à Cannes, précisément où Annibal avait défait l'armée romaine. Le prieur, docteur en philosophie, gradué de l'université de Quito, avait une belle prestance. Il était âgé d'une quarantaine d'années : il savait, à l'occasion, prendre l'attitude d'un vénérable prélat : on en jugera.

A quelques mois de là je me trouvais à Quito. On fêtait je ne sais plus quel anniversaire d'un événement politique. Il y eut, pendant huit jours, jeux de taureaux sur la plaza mayor, transformée en un vaste amphithéâtre qu'occupait le monde élégant. Il y eut alors, chez Florès, président de l'Équateur, une grande réception. J'appartenais à son état-major ; je dus rester en grand uniforme. Je me trouvais à côté du chef de l'État, quand un religieux vint lui présenter ses devoirs : c'était le prieur des Augustins de Pasto, le Père Urban. Quand il leva les yeux qu'il avait tenus baissés avec une constante humilité, il manifesta un peu d'étonnement en reconnaissant sous mon brillant costume l'officier qu'il avait hébergé dans son monastère en lui enseignant les choses les plus mondaines ; puis, m'offrant la main de la manière la plus affectueuse, il me rappela les moments heureux qu'il avait passés près de moi. J'admirai ce bon père ; mais, la réception terminée, je racontai toute l'histoire au général Florès, ce qui le divertit beaucoup.

Je visitai à Pasto les rares industries encore en activité, tissages de teinture : l'une d'elles m'intéressa vivement, le vernissage des ouvrages en bois avec le vernis dit *de Pasto*.

La substance connue sous le nom de vernis est apportée par les indiens de Mocoa ; elle est verte, a l'apparence d'une gomme que l'on dit être produite par l'*elæga utilis*, de la famille des *rubiacées*. On ne peut pas la pulvériser ; elle cède sous le pilon. Pour en faire l'analyse, j'ai été obligé de la racler au couteau. Cette gomme ne se dissout ni dans l'alcool, ni même dans l'éther ; mais, dans cette dernière matière, elle se gonfle énormément à la manière du caoutchouc. C'est là un caractère spécifique remarquable : elle se ramollit par la chaleur, sans subir la fusion. C'est sur ce ramollissement, cette plasticité qui permet de l'étirer, quand elle est chaude, en une mince membrane transparente, que repose son application.

Voici comment les indiens opèrent le vernissage :

Les objets en bois, tels que calebasses, boîtes ; les vases destinés à contenir du vin, de l'eau-de-vie, sont peints de diverses couleurs. Le vernis, tel qu'il vient de Mocoa, est soumis à l'action de l'eau bouillante ; au bout d'un instant, il est assez mou pour être étiré en une mince feuille qu'on applique, quand elle est encore chaude, en ayant soin de la tamponner avec un linge pour la faire adhérer au bois ; puis, tenant un charbon rouge avec une pince, on le promène à peu de distance du vase pour faire disparaître les boursouflures : on a ainsi une surface unie, brillante, transparente, à travers laquelle apparaissent les peintures avec toute la vivacité, tout l'éclat des couleurs relevées souvent par de l'or ou de l'argent. Ce vernis est d'une solidité remarquable puisqu'il résiste à l'eau, à l'alcool et aux huiles fixes et volatiles, ce qui le distingue du caoutchouc. Les solutions alcalines seules sont capables de l'attaquer.

L'analyse élémentaire a donné pour la composition de ce vernis :

Carbone	71,4
Hydrogène	9,6
Oxygène	19
	100

Les vernisseurs que j'ai vus sont de race indienne et les procédés d'application du vernis, de même que l'art de filer la laine, de la tisser, de la teindre sont certainement antérieurs à la conquête.

Les étoffes confectionnées à Pasto ne laissent rien à désirer. Je possède un puncho donné à Bolivar par les Pastusos, d'une remarquable beauté ; le général en fit présent à Manuelita qui, un jour que je montais à cheval pour marcher au Sud, le jeta sur mes épaules comme un souvenir.

Dans les joyeuses soirées passées au couvent je pus me former une idée du personnel monastique ; je m'aperçus bien vite que ces moines tenaient autant du soldat que du prêtre ; tous avaient guerroyé : un d'eux, à mine sinistre, m'avoua qu'il avait participé à une tuerie dans laquelle fut défait un officier d'une grande bravoure, que nous appelions *Queue de cheval*, à cause de la crinière de son casque de dragon. J'en ai déjà parlé comme ayant fait sa connaissance à mon arrivée à Bogota, précisément quand il allait partir pour la province de Pasto où il fut fait prisonnier par les insurgés; on l'occupait ensuite à peindre les cellules, à nettoyer de vieux tableaux. — « Puis, demandai-je au moine, qu'est-il devenu? » Il se fit un grand silence; il était évident qu'on avait fait disparaître ce malheureux officier.

Je fis mes préparatifs pour faire mon ascension au fameux volcan de Pasto. J'allai, pour cela, m'entendre avec le curé auquel j'étais recommandé pour qu'il me procurât des guides; voici ce qui fut convenu:

Lorsque je quitterais la ville, mon soldat espagnol veillerait aux bagages que j'y laisserais, il ne les quitterait pas un seul instant. Je me rendrais, à pied, accompagné de mon brosseur, au sitio de Génoé situé à la base de la montagne; là je trouverais quatre hommes dans lesquels je devais avoir la plus grande confiance: ils répondraient de moi; ils me fourniraient d'ailleurs le *bastimiento* (vivres) ; ainsi fut fait.

Deux jours après, je me mis en route. Plusieurs amis, entre autres, le padre Urban, le frère don Pedro Gallardo, le gouverneur de Pasto, colonel Guttieres, s'étaient fait une fête de m'accompagner. A ma grande satisfaction, pas un ne se présenta à l'appel.

Il était 4 heures du soir quand je pris la route de Genoé, un chemin charmant, longeant la rive gauche du Rio Pasto, qui va joindre le Juanambú à une lieue de la ville. Mon bagage était réduit à un baromètre, une boussole et un laboratoire portatif.

Deux heures après mon départ, j'arrivai à la chorrera de Genoé, une merveille ! Je me trouvais en présence de la chute d'une énorme masse d'eau, presque aussi acide que celle du rio Vinagre et tombant d'une grande hauteur en formant quatre cascades superposées, bondissant de rocher en rocher, en produisant un bruit assourdissant. Je ne pouvais détourner la vue de ce spectacle ; mais il fallait arriver au gîte ; le soleil déjà s'était caché dans les montagnes gigantesques qui nous dominaient.

La maison où j'entrai renfermait dans une

même pièce une fabrique de chapeaux, une cuisine, une basse-cour, sans parler d'une population de cochons d'Inde. Les subsistances ne manquaient pas; c'était un point important. Ce qui attira surtout mon attention, ce fut une très vieille indienne, ayant à peine forme humaine, couchée près du foyer, dans un nuage de fumée; c'était le soufflet de la cuisinière. La pauvre femme était bistrée, avec des yeux ulcérés. Il y avait, me dit-elle, plus de trente ans qu'elle n'avait changé de place. « J'y suis accoutumée; je dors sur le cuir que vous voyez; je ne vais même plus à la messe, l'église est trop loin pour mes vieilles jambes. »

La cuisinière-soufflet nous prépara un splendide souper, un mélange de poulets, de cochons d'Inde et de pommes de terres horriblement épicées par le poivre long; nous eûmes, en outre, de la chicha à discrétion. Le curé de Pasto avait bien fait les choses.

Je mangeai à la gamelle, assis par terre, à côté de la bonne femme. J'étais étonné de l'abondance du menu. Voyant ma surprise, le soufflet me fit remarquer qu'il y avait encore d'autres personnes qui devaient manger; je me

retournai, et j'aperçus dans l'ombre quatre gail-
lards de haute stature : les ayant fait approcher
je reconnus des mulâtres ou zambos envelop-
pés de sales guenilles, à la figure vraiment pa-
tibulaire, chacun étant muni du coutelas, du
machete : c'étaient les guides désignés, je pour-
rais dire commandés par le curé.

Pendant qu'ils dévoraient les restes d'ailleurs
très copieux de mon souper, je leur adressai
quelques questions : « Qui êtes-vous? d'où ve-
nez-vous? » L'un d'eux répondit : « Nous sommes
d'anciens soldats du roi; nous nous cachons
dans les cavernes du volcan, depuis la *rebusca*
(depuis qu'on nous poursuit) ; nous ramassons
du soufre que nous vendons. »

Après les *grâces* prononcées par un des hommes mis hors la loi, on s'étendit par terre; moi
à côté du vieux soufflet qui n'avait qu'un inconvénient : une odeur de créosote bien prononcée.

Bientôt toute l'assistance souffla, excepté moi
qui fumais un cigare; je m'endormis enfin,
bercé par les cris plaintifs de ceux des *curris*
(cochons d'Inde) qui avaient échappé à la gibelotte.

De grand matin, mes guides donnèrent le

signal du départ. Je les mis en rang; je dis au premier : « Tu porteras mon sabre. » Au second je confiai ma bourse et la boîte à réactifs ; au troisième je remis mon baromètre, et au quatrième, ma boussole et les couvertures. Je me réservai mon manteau de mineur. Quant aux vivres, ils furent répartis. En confiant à ces bandits mes armes et mon argent, j'agis avec prudence; c'était un témoignage de confiance accordé à ceux à la merci desquels j'allais me trouver.

Après le chocolat, on se mit en route à 5 h. un quart. Le vieux soufflet, en faisant le signe de la croix, me promit de prier pour moi; je la remerciai affectueusement. La nuit ayant été étoilée, il faisait froid. Nous marchâmes à travers un fourré dans lequel les guides ouvrirent une *trocha* (sentier) à l'aide de leurs machetes. C'était une rude besogne. Nous gravissions lentement. Trois heures après, à 8 heures, on avait franchi le plus épais de la forêt ; nous étions dans une éclaircie : le *salado* (saline); ensuite on vit les *pajonales* (graminées) et, plus haut, à ma grande surprise, nous entrâmes dans les fougères arborescentes.

A 9 heures, nous étions parvenus à la base d'un mur de trachyte, la piedra Rumichaco, fissuré en tous sens, surtout dans le sens horizontal ; aussi, à distance, la roche paraissait stratifiée. La piedra est couverte de blocs de roche détachés. Le trachyte, en ce point, a une pâte noire, compacte, luisante, enchâssant des cristaux de feldspath blanc, vitreux ; sur quelques fragments, la roche a l'aspect scoriacé d'une ponce et renferme des aiguilles de pyroxène. Nous fûmes arrêtés à la Piedra par un ravin très profond, encombré de blocs de roche : on devait franchir cet obstacle pour gagner une pente conduisant au volcan. La difficulté consistait à descendre dans l'abîme ; l'entreprise n'était pas sans danger à cause de la profondeur, que j'estimai à 400 mètres.

L'opinion des guides était partagée. Selon les uns on devait franchir ce passage ; selon les autres, il y avait péril à s'engager sur un sol aussi mouvant ; aussi pensaient-ils qu'il était préférable de gagner la Guaytara qu'on apercevait au sud et, de là, remonter le lit du torrent par une pente relativement douce, qui aboutissait au volcan ; ils estimaient qu'une journée suffirait pour exécuter leur projet.

Dans l'état d'incertitude où je me trouvais, je détachai deux des guides pour tenter le passage direct : leurs cris devaient nous apprendre quand ils seraient parvenus au fond du précipice.

Les deux hommes commencèrent à descendre sans la moindre hésitation. Une heure après leur départ, le signal convenu nous annonça que nous pouvions les suivre.

Nous entreprîmes la descente, en marchant avec beaucoup de précaution. Il arrivait qu'on détachait des pierres qu'on voyait rouler avec une vitesse incroyable au fond de l'abîme. Les guides, envoyés à la découverte et déjà parvenus sur la pente opposée, nous observaient ; ils essayaient, de la voix et du geste, de nous indiquer la direction que nous devions prendre ; mais nous les entendions à peine parce que, dans les régions élevées, la voix perd de son intensité ; quant à leurs gestes, on les distinguait mal à cause de la distance. Continuant à marcher, nous nous trouvâmes engagés dans un passage scabreux, au-dessus d'un escarpement de plus de 60 mètres de hauteur ; une saillie,

espèce de corniche permettant le passage, était
tracée sur une argile mouillée et glissante : un
des guides, qui s'y aventura, ne put s'y maintenir qu'en enfonçant fortement ses doigts de
pied dans la glaise ; il n'osait plus faire un pas
en avant ; en ce moment les guides envoyés à
la découverte, voyant notre situation dangereuse, jetèrent de grands cris d'alarme et ges-
ticulèrent de manière à nous faire comprendre
qu'il fallait passer plus haut. En effet, nous con-
formant à leurs indications, nous aperçûmes
au-dessus de nous un rocher où il nous fut possible de nous appuyer, de nous cramponner :
c'est ainsi que nous arrivâmes au fond du ravin
du Rumichaco.

Je recueillis diverses variétés de trachyte,
entre autres une roche blanche, compacte,
ayant le caractère de l'alunite, venant d'un gisement puissant de ce minerai d'alun.

Il y eut encore plus de difficulté pour sortir
du ravin que nous n'en avions rencontré pour
y descendre ; en effet, le sol était aussi peu
stable et la pente plus forte. Il fallut deux
heures pour faire l'ascension.

Nous nous trouvions sur le volcan. Déjà on

voyait surgir des vapeurs; des roches étaient enduites de soufre et, ce qu'il y avait de plus curieux, on apercevait des masses énormes de gypse anhydrite, grenu, à structure saccharoïde; on les aurait prises pour des blocs de marbre de Carrare. Ce gypse renfermait du soufre. Le sulfate de chaux est donc un produit du volcan de Pasto.

En continuant à monter, nous atteignîmes le cratère, non un cratère d'éruption, formé par l'épanchement de la lave; cette anfractuosité, comprise entre des murs élevés de trachyte, a une direction moyenne N.-E.-S.-O.

Décrire ce site serait impossible : sur une longueur de plusieurs centaines de mètres, c'est un amoncellement de fragments rocheux de toute dimension, au milieu desquels apparaissent de larges fissures, véritables évents d'où sortent, avec un sifflement formidable, des jets de vapeur entraînant du soufre. Le sol tremblait sous nos pieds.

La situation était singulière : un ciel d'un bleu foncé; une atmosphère sulfureuse, rendant la respiration pénible; un calme parfait et, malgré la chaleur souterraine, un air froid, car, à

une vingtaine de mètres des fissures, le thermomètre marquait 3°,9. Le baromètre indiquait pour altitude 4 085 m.; temp. 6°,1.

C'est là que je m'installai, à une distance
convenable d'une fumerolle pour avoir chaud
sans courir le risque d'être brûlé. Mes brigands
me soignaient comme l'aurait fait une bonne
d'enfant. Après avoir étendu mes couvertures,
ils procédèrent à la cuisine en allumant un feu
avec du bois coupé dans la forêt de fougères arborescentes ; puis l'un d'eux descendit je ne sais
où pour chercher de l'eau qui ne fût pas sulfureuse. Je dormis profondément pendant une
heure, puis je dînai. Il était 2 heures. Pendant
neuf heures je m'étais livré aux exercices les
plus violents, n'ayant pris qu'une tasse de chocolat à Genoé.

Une fois reposé, j'examinai le terrain.

Près de l'évent principal, le trachyte, excessivement poreux, est constitué en grande partie
par une agglomération de cristaux ténus de
pyroxène, mélangé de feldspath vitreux ; partout on rencontre des morceaux peu volumi-
neux d'une sorte de ponce, d'un gris sale, d'une
densité supérieure à celle de la ponce ordinaire;

souvent la roche est enduite de cristaux de soufre d'une couleur orange quand il est chaud, et recouvrant sa couleur jaune pâle après le refroidissement. Çà et là, je ramassai de l'obsidienne noire et translucide. Quelques fragments présentaient cette particularité qu'ils étaient tuméfiés. Quant au trachyte en place, il ne différait pas de celui que j'avais déjà observé.

La chaleur était telle, à la bouche de l'évent principal, que je ne pus réussir à obtenir du gaz ; je dus me borner à reconnaître que les vapeurs émises étaient évidemment surchauffées par leur contact avec les roches de l'intérieur ; car, à l'altitude à laquelle je me trouvais, le mercure se soutenait dans le tube barométrique à 472 millimètres et, sous cette pression, l'eau bout à 87°. Un thermomètre, placé dans la vapeur, monta rapidement à 102° ; il eût été brisé si je ne l'eusse retiré ; mais je reconnus qu'à une très faible profondeur l'étain entrait en fusion, ce qui n'arrivait pas pour le plomb que j'avais mis à côté. Il en résulte que la température, égale ou supérieure à 235°, n'atteignait pas 332°. Je dus, pour obtenir du gaz, opérer sur la vapeur d'un évent moins chaud. La vapeur ne dépassant pas 91°, certainement ce gaz était mêlé d'air froid ; néanmoins il renfermait, pour 100, 78 p. de gaz acide carbonique et un indice d'acide sulfhydrique. Je reconnus l'absence d'acide chlorhydrique dans la vapeur. Ainsi, comme dans les volcans de Tolima, de Puracé, les émanations gazeuses sont de la vapeur d'eau, du gaz acide carbonique, de l'acide sulfhydrique.

Pour prendre la température des évents, je m'étais placé sur une large pierre formant un pont sur la fissure. Je voulus faire cuire à la chaleur du volcan un morceau de viande, attaché à une ficelle. La pierre-pont remuait constamment ; nous étions entourés de fumerolles, les rugissements souterrains, les bramidos nous assourdissaient : c'est le bruit qui précède ou accompagne les tremblements de terre. Le guide rôtisseur n'était pas sans inquiétude et, me regardant, il dit à mi-voix : « Si escupiese » (s'il crachait). — Nous serions perdus, lui répondis-je et alors, avec un calme parfait, il répliqua : « C'est ce que je crois. »

Certes il n'y avait pas à en douter. Au reste,

tout annonçait une grande activité volcanique :
le mouvement continu du sol, les sifflements
de jets de vapeur, le bruit de l'eau en ébullition
que nous percevions au-dessous de nous, sem-
blaient annoncer une catastrophe : mes hommes, habitants de Pasto, s'y connaissaient. Cependant, on ne vit pas le moindre indice d'un
phénomène igné. C'est, il semble, pendant les
éruptions proprement dites que le feu est ma-
nifeste. Des blocs de trachyte incandescents
sont alors lancés à une hauteur prodigieuse : le
général Florès en fut témoin un jour qu'il dirigeait de Quito une colonne sur Pasto : « L'air,
m'a-t-il dit, était rempli de globes de feu ; les
détonations rappelaient le bruit des canons des
plus forts calibres. »

On me montra, dans les pajonales, près de
Rumichaco, des blocs d'un trachyte noir, poreux,
scorifié, enfoncés dans la terre jusqu'à 1 mètre
de profondeur. A l'époque des pluies, ces cavités sont pleines d'eau. On peut s'imaginer la
hauteur que les pierres incandescentes ont
atteinte pour avoir, en retombant, pénétré
aussi profondément dans un terrain aussi résistant.

Le volcan de Pasto projette aussi des cendres que les vents emportent à de grandes distances lors de certaines éruptions ; les plantes
en sont saupoudrées.

Je m'étais assez confortablement installé
entre les blocs de roche, sur un parquet chauffé,
à l'abri du vent, à plus de 4 000 mètres au-
dessus du niveau de la mer. Accablé de fatigue,
bercé par le chant plaintif de mes guides, je
tombai dans un profond sommeil. Je puis donc,
sans métaphore, dire que j'ai dormi sur un
volcan.

Mes observations terminées, je songeai à descendre par une pente différente de celle par
laquelle j'étais monté. A 3 heures, nous rencontrâmes une fissure très profonde où, fort heureusement, existait un pont en pierre, construit,
assure-t-on, avant la conquête : le pont de Rumichaco, peu éloigné de l'abîme que nous avions
franchi avec tant de difficulté : c'est par ce chemin que nous aurions dû monter, en faisant
sans doute un grand détour, mais d'un accès
facile. S'il en fut autrement, c'est que la race
indienne préfère marcher en ligne droite, sans
se laisser arrêter par les obstacles.

Au Pont de Rumichaco : alt. 3 706 m., temp. 11°,6.

Ainsi, par une pente assez douce, nous étions descendus de 400 mètres au-dessous de notre station sur le volcan ; deux heures après, nous entrions dans le village de Genoé. Le trachyte sur lequel nous avions marché présentait un tout autre aspect que celui du cratère, une pâte gris clair enchâssant des cristaux allongés d'un feldspath bleu.

Pour bien me reposer, je couchai dans la cabane de l'indien ; le vieux soufflet enchanté de me revoir, attribuant à ses prières une partie de mon heureux voyage, se surpassa aux dépens des *curris* ; nous eûmes un excellent *sancocho*.

Le lendemain, à 7 heures, je dis adieu à l'indien et à la vieille indienne.

Ayant fait mettre mes guides en ligne, je distribuai à chacun d'eux une piastre. Ces pauvres proscrits me remercièrent avec une effusion dont je fus vivement touché ; ils me prièrent de les reprendre, si je revenais au volcan. J'avais été leur hôte, et ces hommes endurcis par la souffrance, qui m'entourèrent des soins les plus affectueux, eussent, sans le moindre scrupule dépouillé, assassiné même, l'officier républicain s'il ne leur avait pas été recommandé par l'évêque de Popayan.

Je cheminai lentement vers Pasto, après un temps d'arrêt pour admirer encore l'étonnante chute de Genoé et la splendide végétation qui l'encadre. Je trouvai l'altitude, à la base des cascades : 2 631 m. ; temp. 12°,8. Le vent venait de l'est, direction que j'avais observée au sommet du volcan. Au reste, je crois avoir remarqué que, par un beau temps, sur les montagnes élevées des Andes intertropicales, les vents alizés règnent constamment.

Déviant un peu de la route, j'entrai dans le hameau de Pandiaco, pour examiner une source thermale dont on m'avait parlé. Elle sort sur la droite d'un ruisseau ; l'eau, acidulée, gazeuse, ferrugineuse, possède une température de 36°,1, celle de l'air étant de 15°,6. Elle est abondante et dépose un sédiment calcaire concrétionné dont est formé le fond de la petite vallée de Pandiaco. Ce calcaire sert à faire la chaux employée à Pasto. (Alt. 2 511 m. ; temp. 16°,7.)

A 10 heures j'étais à Pasto, où je trouvai mon soldat espagnol à son poste, près des bagages ; il n'accepta aucune gratification, disant qu'il avait rempli une consigne.

Mes moines de San Agustin, et surtout le padre Urban, m'accueillirent avec des témoignages de la plus vive affection ; on me promit un souper délicieux ; je me hâte d'ajouter qu'on tint parole. J'eus la visite du curé, du Gobernador, qui me félicitèrent sur le succès de mon exploration ; l'après-midi, j'allai visiter l'église de Jésus, où la plupart des habitants s'enferment au moins une fois par mois pour méditer, prier et se flageller à outrance. Je crois vraiment, sans en avoir la preuve, qu'il se passe de drôles de scènes entre flagellés et flagellées ; car les deux sexes se fouettent réciproquement. Un dévot, encore assez bien, me disait : « Don Juan ; il n'y a rien qui agite les sens comme cela. Venez donc à Jésus avec moi ; vous verrez.

« — Mais je serai flagellé ?

« — Oui, mais pas bien fort. »

Le prieur désirait me présenter à l'abbesse de Santa Clara ; je m'y refusai, et pour cause ; j'avais jusque-là réussi à garder mon incognito, car je n'étais pas un étranger au couvent ; voici dans quelles circonstances la connaissance avait été faite avec la mère abbesse, femme d'ailleurs des plus respectables, autant par son âge que par son caractère. Mais il faut se reporter de quelques années en arrière.

C'était en 1827, peu après la fatale campagne des llanos de l'Apuro et du Meta, durant laquelle ma santé avait été si rudement compromise. J'avais reçu, du ministre de l'Intérieur, Manuel Restrepo, l'ordre de lever le cours du Rio Grande de la Magdelena, de Honda à Neyba. Je ne pus remplir ma mission, ayant été appelé par l'autorité militaire à faire le plan, à niveler les fameux défilés de Juanambú et du rio Mayo, devenus si célèbres par les combats que l'armée patriote avait livrés aux insurgés des provinces de Pasto et de Patia.

Vers l'année 1827, le Libertador défit les royalistes après une bataille sanglante. L'ennemi avait commis des atrocités, assassiné des prisonniers. Le châtiment qu'en 1823 Sucre avait infligé aux Pastusos, en détruisant une partie de la ville, n'avait produit aucun effet ; les bandes insurectionnelles étaient insaisissables ;

mises en déroute, elles se dispersaient dans les montagnes pour se réunir ensuite. Après une action des plus chaudes, à la suite de laquelle Pasto fut occupé, Bolivar, voulant faire un exemple, décida que la ville serait mise au pillage pendant deux heures. Les habitants consternés envoyèrent leur curé auprès du vainqueur pour le supplier de protéger au moins le couvent de Santa Clara, où vivaient en paix de pauvres religieuses inoffensives et dans lequel les femmes, les jeunes filles des principales familles trouveraient un asile. Le Libertador, ayant accueilli la requête, promit d'envoyer, comme sauvegarde, un officier pour protéger la communauté. C'est ainsi que je quittai momentanément mon baromètre, mes boussoles ; je partis avec le curé, un lancier m'accompagna. On me présenta à la supérieure et je fus logé dans une chambre confortable. On mit à ma disposition, pour me servir, une sœur converse. Quand à mon soldat, il resta en faction à la porte du monastère.

Je ne décrirai pas les scènes de désordre auxquelles j'assistai : heureusement pour tout le monde, la soldatesque fut bientôt enivrée,

en vidant les boutiques des chicheras. Ce fut
une orgie sans nom. Le temps assigné au sac
étant écoulé, les clairons sonnèrent la retraite ;
le désordre cessa. Ma mission paraissant terminée, j'ordonnai à mon lancier de seller et
j'allai prendre congé de la mère abbesse. La
bonne mère ne voulut pas me laisser partir ;
elle désirait que je restasse encore quelques
jours, elle craignait les maraudeurs. Je la ras-
surai en lui rappelant d'ailleurs les instructions
auxquelles je devais me conformer ; elle avait
tout prévu et m'apprit que, sur la demande du
curé, j'étais autorisé à différer mon départ.

Je restai donc dans ma chambrette, n'ayant
plus aucune inquiétude. Je me mis à considérer la sœur converse : c'était une brune au teint
pâle, mat, yeux et sourcils noirs, et, ce qui leur
donnait une physionomie étrange, elle portait
une paire de moustache des mieux fournies.
Son caractère était des plus gais ; elle me racontait d'une manière fort plaisante les descriptions
insensées qu'elle faisait de ma personne aux
religieuses qui ne cessaient de la questionner.

Lui ayant demandé si, pourvue de telles
moustaches, je n'avais pas devant moi un garçon

au lieu d'une fille, elle partit d'un rire inextinguible... C'était bien réellement une femme.

Je me trouvais admirablement au couvent. Depuis longtemps je n'avais dormi dans un lit; la cuisine était délicieuse : des petits plats, des confitures comme seules les religieuses savent en préparer. Pendant mon séjour au monastère, j'ai vu deux femmes : l'abbesse, venant s'assurer si rien ne me manquait, et Bigotilla (petites moustaches), j'appelai ainsi ma cameriste. Je ne l'ai pas connue sous un autre nom. Elle m'avoua, du reste, que c'était celui qu'on lui donnait. Rien de divertissant comme l'attitude béate qu'elle affectait, en présence de la mère : les yeux baissés, n'ouvrant jamais la bouche si ce n'était pour répondre à une question de la supérieure. Enfin, à mon départ du couvent, je fis demander à la mère la permission d'aller lui baiser les mains.

La bonne dame m'accueillit avec grâce et me remercia; je pus considérer encore une fois ce visage ascétique, étiolé par la vie monastique de plus d'un demi-siècle. Quant à Bigotilla, je ne la vis plus jamais. Où s'était-elle cachée lors de mon départ?

Arrivé au quartier général, je subis un drôle d'interrogatoire. Le général me demanda :

— Qu'avez-vous vu à Pasto ?

— Des ivrognes.

— Qu'avez-vous fait ?

— Rien.

— Vous avez la mine d'un déterré ; est-ce que ces dames ne vous auraient pas bien traité ?

— Au contraire, mon général, je n'ai vu qu'une religieuse, la vénérable abbesse, qui m'a comblé de prévenances. Je désirerais que nous eussions ici un ordinaire tel que celui qui m'a été servi.

— Alors, comment êtes-vous si pâle? Vous avez l'air malade.

— Ah! voici, mon général, c'est que, pour me soigner, on m'avait assigné, comme brosseur, une sœur converse, nommée Bigotilla, à cause de ses belles moustaches noires.

— C'est bon, c'est bon, répliqua en riant le général, il paraît qu'il vous a joliment brossé, votre brosseur.

L'interrogatoire terminé, je retournai à mes instruments. De Bigotilla je n'entendis plus parler.

Je quittai Pasto, le 19 juin, après y avoir résidé 11 jours. Je ne m'y plaisais pas. C'est avec satisfaction que je repris la route vers le Sud. J'avais déterminé la température moyenne 12°,5 par un sondage, l'inclinaison et la déclinaison de l'aiguille aimantée et, au milieu d'une population aussi hostile à l'armée républicaine, à quelqu'un qui m'eût demandé ce que j'avais fait à Pasto, j'aurais pu répondre comme Sieyès, après la *Terreur :* « J'ai vécu. »

Ayant embrassé les moines de Saint-Augustin en leur jurant une amitié éternelle, j'enfourchai ma mule et je me dirigeai sur Mucchisso ; à mon départ, la montre marquait 9 h. 1/2.

Nous traversâmes el monte de Piedra Pintada, passage des plus dangereux, car il était le refuge d'une bande de malfaiteurs. Comme j'en sortais, avant de commencer une descente, j'aperçus deux officiers en uniforme rouge, deux Alférez, qui montaient à pied en se dirigeant vers moi. Quand ils ne furent plus qu'à une faible distance, je leur fis signe de s'arrêter, suivant ce principe salutaire qu'un cavalier ne doit jamais laisser approcher un fantassin de sa monture ; j'attendis qu'ils eussent fait le salut qu'ils devaient à mes épaulettes, puis je leur demandai où ils allaient.

— A Popayan, rejoindre le général Obando, me répondit l'un d'eux.

— C'est bien, vous le trouverez probablement encore : dites-lui que vous avez trouvé don Juan à la sortie de Pasto.

Au reste, la route de las Piedras Pintadas était pour lors plus sûre que d'habitude à cause des mouvements de troupes. Ainsi je rencontrai le bataillon de Quito allant tenir garnison à Popayan.

A 3 heures nous étions à Yakunquez (alt. 2792 m., temp. 16°,7). A 4 heures je m'installai à Muechisso. Je n'osai pas coucher dans une maison remplie de varioleux, car la petite variole sévissait terriblement dans tout le pays.

A Muechisso (alt. 2700 m., temp. 11°,6).

Dans la nuit il y eut un huracan (tempête). La descente pour arriver au rio Guaytara est si mauvaise que, par suite de la pluie, nous étions résolus à rester; mais le froid nous décida à quitter Muechisso. Le matin, le thermomètre marquait 11°,7.

Je montais un cheval de montagne, un *va-*

quiano, connaissant la route, présentant au cavalier une grande sécurité, s'il suit bien les
mouvements de l'animal. Ces chevaux à large
poitrine, à jambes courtes, glissent, trébuchent
sans jamais tomber.

A midi, j'atteignis le Guaytara; le torrent
coule dans une gorge étroite et profonde formée
par deux murs d'alluvion stratifiée; on arrive
au pont par un chemin tournant comme une
vis. Je m'arrêtai pour admirer l'effet imposant
de ce terrain escarpé, présentant des saillies
qui lui donnent, sur quelques points, l'apparence d'une galerie de mine. Le demi-jour, le
bruit de l'eau se répercutant comme le bruit du
tonnerre, donnent à ce lieu un aspect sinistre.

Près du pont j'ai parfaitement reconnu la
roche sur laquelle repose l'énorme dépôt alluvial : c'est un porphyre à pâte feldspathique
brun foncé, avec cristaux de feldspath blanc.
La roche est fissurée en tous sens ; les fissures
atteignent quelquefois de telles dimensions
qu'elles deviennent des cavernes ; tout indique
que le porphyre a éprouvé des chocs violents.

Au pont de Guaytara : alt. 1515 m., temp.
21°,6. Ainsi, à compter de Yakunquez et de Mue-

chisso jusqu'au torrent, l'épaisseur de l'alluvion stratifiée atteindrait 12 à 1 300 mètres.

Le chemin que l'on prend pour sortir du Guaytara est aussi tortueux, présente autant de difficultés que celui qui y conduit en venant de Muechisso. Arrivés à une station d'où l'on distinguait le cours du torrent, on me fit remarquer, sur la rive gauche, un énorme amas de pierres. Là, me dit-on, il y avait une grande sucrerie, *la argolla*. Un jour, en 1813, à 8 heures du matin, la montagne dominant l'hacienda s'écroula tout à coup, ensevelissant, sous les décombres, la propriétaire, ses enfants, les esclaves, en tout 80 personnes. Pendant un moment, on vit les infortunés habitants de l'argolla, courir éperdus, essayant de fuir, élever les bras au ciel et disparaître bientôt, sous une avalanche de pierres. *Alli estan todavia* (ils sont encore là), ajouta le narrateur, témoin oculaire de ce triste événement, qui me rappela l'éboulement du cerro de Tacon, à la Vega de Supia.

Continuant à monter, à 2 heures nous traversâmes la Quebrada de Santa Rosa, allant au Guaytara un peu au-dessous du pont.

A 4 heures nous entrions dans l'hacienda de

Imbué. Comme il s'y trouvait encore des varioleux, je couchai à la belle étoile, malgré un froid assez vif (alt. 2967 m., temp. 9°,4).

Le lendemain, 23 juin, partis à 7 heures nous arrivons, vers midi, à Tuqueres (alt. 3107 m., temp. 11°,9).

Dans le trajet d'Imbué à Tuqueres, il m'arriva une curieuse aventure :

A Pasto, le gouverneur m'avait donné une ordonnance pour me protéger, en cas de mauvaises rencontres : c'était un soldat dit *des colorados*, un beau nègre, de près de 6 pieds, à moustache de laine formidable, à figure sinistre, portant une lance de 4 mètres de longueur ; on avait mis cet homme à ma disposition parce qu'il était hors rang, à cause de sa santé ; il était épileptique et, lorsqu'un accès le prenait, il tombait de son cheval, restait sans connaissance pendant un certain temps, les yeux hagards, la bouche écumante. Je l'ai vu deux fois dans ce déplorable état ; c'était un intrépide cavalier, c'est-à-dire un brigand fieffé, taciturne, ne parlant jamais, si ce n'est pour répondre aux questions qu'on lui adressait.

Dans mes marches, j'avais pour habitude de devancer mon bagage, puis, quand je rencontrais un site convenable, je faisais halte pour déjeuner. Ordinairement la mule de charge portant les vivres arrivait une demi-heure après moi. La route que je suivais depuis Imbué aboutissait à une forêt : c'était le point où commençait une descente. Je fis la remarque que des indiens entrèrent dans le fourré aussitôt qu'ils m'eurent aperçu ; craignant une attaque, je renouvelai les amorces de mes armes. J'ai su plus tard qu'ils n'avaient aucune intention hostile ; mais ils avaient eu peur de mon collet rouge, ayant été quelquefois maltraités par des officiers.

J'attendis plus de 2 heures dans un site charmant, sur les bords d'un ruisseau limpide et, étendu sur l'herbe, je commençais à être inquiet, quand je vis mon ordonnance sortir du fourré, conduisant en laisse la mule sur laquelle se trouvait mon déjeuner, d'une simplicité extrême, un morceau de tasajo froid (viande séchée), un biscuit de maïs (tortilla), un morceau de panela (sucre brut), le tout enveloppé dans un linge, une assiette en fer-blanc, enfin un petit flacon d'eau-de-vie. J'étais en appétit et je me réjouissais de l'excellent repas que j'allais faire.

Mon soldat ne dit mot et plaça devant moi une volaille rôtie, du pain de froment, des confitures, un flacon de vin d'Espagne, une assiette en argent, le tout étalé sur une serviette damassée.

Qui fut bien étonné, ce fut moi ; mais je commençai par déjeuner copieusement ; après avoir vidé le flacon, ayant allumé un cigare, je commençai l'interrogatoire pendant que l'ordonnance mangeait les restes.

— Dis-moi où tu t'es procuré tout cela ?

— Voilà ! Dans la *pamba*, avant de commencer la descente, j'ai eu mon mal, je suis tombé ; quand je suis revenu à moi, j'ai vu qu'on avait enlevé la sacoche contenant les provisions de bouche. J'étais remonté à cheval, quand j'aperçus un señor cura sur une belle mule et suivant le chemin conduisant à Imbué ; alors j'ai mis ma lance en arrêt et je lui ai demandé qui il était ?

— Curé de Tuqueres.

— Alors vous avez des vivres ; donnez-les-moi.

— Tout de suite.

Le señor cura ne se fit pas prier, puis fila à toute vitesse.

J'ajouterai qu'à mon arrivée au village, je m'empressai de remettre à l'alcade ce qui appartenait au curé, en y joignant une lettre pour excuser mon ordonnance que je renvoyai bien vite à Pasto. Décidément il montrait trop de zèle.

Tuqueres est un chef-lieu de canton. Le corrégidor m'assura que la population est de 3 000 âmes. On ne s'en douterait pas à voir les habitations dispersées sur le penchant d'une colline. On y cultive le froment, l'orge, la luzerne, les pommes de terre, culture des régions froides ; en effet, à 6 heures du matin, le thermomètre marquait 8°.

A 8 h. 1/2 je partis pour l'Azufral (soufrière), accompagné de deux indiens. La matinée était superbe. A peine hors du village, j'aperçus deux volcans : le *Chile* et le *Cumbal*, couverts de neige. Nous nous élevions insensiblement par un chemin tracé sur un pâturage. Après avoir traversé la *pamba*, la montée commença. On entra ensuite sur un terrain marécageux, d'où l'on sortit pour gravir une pente qui conduisait sur un *alto*, d'où l'on découvrit subitement l'Azufral. Ce fut une agréable surprise (alt., 4058; temp., 11°).

La vue plonge dans un cirque, on pourrait dire dans un puits, clos par d'immenses murailles de trachyte ayant les nuances les plus variées; rouges, jaunes, noires, grises, etc., conséquences d'altérations produites par les exhalaisons volcaniques. Le fond de cette enceinte renferme trois lagunes de peu d'étendue; la première, celle que j'ai nommée le *lac vert*, est au bas de l'Alto del Azufral, l'eau paraît être d'un vert émeraude magnifique; j'estime, — car je ne l'ai pas mesuré, — qu'il a un mille de long sur un demi-mille de large; j'exagère peut-être. Au delà sont les deux autres petites lagunes; l'une à eau d'apparence noire, couleur que reflète fréquemment l'eau à une grande altitude; l'autre à eau cristalline bleuâtre; ce qui prouve bien que la teinte apparente du liquide dépend de la couleur du fond sur lequel il repose. Ainsi l'eau du lac vert d'une couleur émeraude si éclatante, placée dans un verre, et vue par transmission, est incolore tout aussi bien que celle des deux autres lacs. La couleur verte a certainement pour cause le soufre pur, en blocs considérables, déposé au fond du lac.

Ayant admiré l'Azufral dans son ensemble, je mis pied à terre pour descendre dans l'intérieur. Lorsque la roche n'a pas été altérée, elle offre tous les caractères et la constitution du trachyte.

Les bords ou les parois suffisamment inclinés du lac Vert sont recouverts de fragments de soufre sur une épaisseur ayant quelquefois deux pieds. Ce soufre est d'un beau jaune et paraît avoir été fondu ; on en voit aussi de cristallisé, puis quelques morceaux avaient une teinte verte très prononcée.

De toutes parts, il sortait des vapeurs de nombreuses fumerolles ; le gaz dégagé renfermait une si forte proportion d'acide sulfhydrique qu'on était incommodé par son odeur. Je déjeunai au milieu de tous ces jets de vapeur, dont l'émission était silencieuse, sans doute parce qu'elle n'atteignait pas l'intensité des fumerolles bruyantes du volcan de Pasto.

Près du point où l'on arrive au lac Vert en descendant de l'Alto, il sort de l'eau une espèce de coupole formée de soufre et de matières terreuses. La surface en est criblée de fissures d'où émanent de la vapeur aqueuse et des gaz. Je trouvai 86° pour la température de la vapeur émise, 86° pourrait bien être la température d'ébullition de l'eau à l'altitude où nous nous trouvions. Par un moyen que j'avais perfectionné, je pus recueillir du gaz dans cette fissure et je trouvai, pour sa composition, sur 100 vol., gaz acide carbonique 85. Je n'ai pu apprécier le volume de l'acide sulfhydrique et il est probable que le résidu de 5 vol. consistait en air atmosphérique.

La température de l'eau baignant la base du dôme de soufre était de 26°, plus loin de 10°, l'air étant à 12° à 1 heure.

Le lac Vert est à peu près à 6 milles à l'O.-S.-O. de Tuqueres ; son altitude 3 906 mètres, c'est-à-dire qu'il est de 152 mètres au-dessous de l'Alto del Azufral et de 800 mètres au-dessus du village. On doit signaler l'Azufral comme un important gisement de soufre. Cette émission de soufre fondu en masses souvent très fortes diffère essentiellement de celle si limitée des volcans de Puracé et de Pasto.

L'eau du lac m'a paru, au goût, aussi acide

que celle du Rio Vinagre du volcan de Puracé,
avec une saveur styptique indiquant la présence
d'un sel d'alumine. On observe, en effet, du
sulfate d'alumine déposé sur le rocher environnant.

J'ai d'ailleurs reconnu la présence de ce sel
dans le résidu de l'évaporation de l'eau du lac.
J'ai bien regretté de n'avoir pu faire un sondage pour apprécier la profondeur du lac, mais
en y jetant une pierre on peut juger que cette
profondeur est assez grande. En l'évaluant à
5 mètres, on arriverait à 400 000 mètres cubes
pour le volume de l'eau du lac Vert, volume qui
doit varier considérablement, car on n'aperçoit
aucune issue d'écoulement et il convient de rappeler que, dans les hautes régions situées entre
les tropiques, la quantité d'eau météorique,
mesurée annuellement dans l'udomètre, atteint
1 et même 2 mètres.

Le lac Vert de l'Azufral contient donc des
quantités considérables d'acide sulfurique, de
sulfate d'alumine. Ce n'est pas là un fait isolé.
Ces eaux acides, je les ai rencontrées sur la
pente du Pasto; elles tombent en cascade à
Genoë ; au Puracé, elles forment une rivière, le

Rio Vinagre ; elles se manifestent en abondance en sources thermales sur les sommités du Páramo de Ruiz, dans la Cordillère centrale. L'acide sulfurique que toutes ces eaux contiennent en quantités prodigieuses est le résultat d'une action volcanique.

Je quittai l'Azufral fort satisfait de mon excursion : J'avais visité un volcan resté inconnu. A 5 heures, j'étais de retour à Tuqueres où j'arrivai transi de froid et mouillé jusqu'aux moelles par la pluie incessante que j'avais reçue à partir de la pamba ; heureusement je trouvai, pour me remettre, un repas délicieux, toujours le sancocho, la gibelotte de cochon d'Inde et d'excellente chicha.

La nuit me parut très froide. Le matin (23 juin), au lever du soleil, le temps était beau ; on distinguait les neiges du volcan de Cumbal, d'où sortait une colonne de fumée et de flammes ; malheureusement le ciel se couvrit lorsque j'allais le relever et prendre un angle vertical.

Je pris des dispositions pour aller reconnaître cette curieuse réunion de la glace et du feu. L'alcade, les indiens jugeaient l'expédition impossible. Je partis néanmoins, en me rappelant ce que Fernand Cortez disait aux soldats qu'il envoyait sur les sommets du volcan de Popocatepelt : « Allez ; il s'agit de découvrir le secret de la fumée. »

A 7 h. 1/2 je me mis en route. Le chemin, défoncé par la pluie, était devenu presque impraticable. A 9 h. 1/2 on passa près de Sapuyes (alt., 3 080 m.). Le village est près du torrent de même nom allant au Guaytara. On continue à remonter la rive droite du Sapuyes. Pendant la marche, on voyait de temps à autre les Nevadas ; puis, le ciel s'étant obscurci, il tomba de la grêle. Nous étions alors dans la pamba de Chillanquez. C'est une plaine assez unie dans laquelle je remarquai une sorte de tumulus, *una sola*, ayant l'apparence d'un tombeau indien. On l'avait fouillé, dans l'espoir d'y trouver de l'or, et les travaux montraient que cette gibbosité n'était pas autre chose qu'un dôme de trachyte. La grêle redoubla et les éclairs se succédèrent rapidement : les grêlons, de la grosseur d'un pois, étaient des sphéroïdes aplatis, opaques ; j'estimai que, près d'arriver sur la terre, ils tombaient avec une vitesse de près de 5 mètres par seconde. Les nuages d'où provenait la grêle étaient à plus de 4 800 mètres de hauteur, à en juger par la limite inférieure des neiges perpétuelles.

A 1 heure nous traversions la quebrada Chillanquez, à 3 heures celle del Muerto ; elles vont au Rio Sapuyes, ainsi que les quebradas Chaquilulo et de la Cavalera, que nous rencontrâmes un peu plus loin. Durant toute la route nous reçûmes alternativement de la grêle et de la pluie jusqu'au village de Guachucal où le mauvais temps nous obligea à nous arrêter, à 4 heures du soir ; nous étions dans un triste état, presque gelés. Je logeai chez une femme dont les cinq enfants venaient d'avoir la petite vérole. La mortalité occasionnée par cette maladie était considérable depuis quelques mois.

J'avais entendu dire que les indiens croquaient des poux. Faisant la conversation avec mon hôtesse, métisse presque blanche, je la voyais occupée à chercher des poux sur la tête d'une petite fille. Aussitôt qu'un insecte était appréhendé, elle le faisait craquer sous ses dents.

21 juin. — A Guachucal (alt. 3124 m. ; temp., 6°). Le matin on distinguait nettement au S.-O.

les Nevadas de Cumbal, de Chile, et l'église de Cumbal. Je pus les relever.

A partir de Guachucal, d'où je partis à 8 heures, on passe les quebradas Guachucal, Muellarmues, Las Partidas et celle de Cumbal. C'est à la quebrada de las Partidas, que commence un chemin conduisant à Barbacoas. Les cours d'eau que nous avions traversés vont au Sapuyes.

A 11 heures j'étais à Cumbal ; la petite vérole y exerçait ses ravages. Alt., 3219 m.

25 juin. — Cumbal est un grand village. Je voyais au S.-O. les neiges du volcan que je devais escalader. J'obtins 5°32' pour l'angle vertical de la cime.

Ascension au Cumbal. — A 7 h. 1/2 du matin, par un beau temps, je me mis en route, bien que l'alcade et plusieurs caballeros considérassent ma tentative comme insensée, ajoutant que je devrais m'estimer heureux si je parvenais seulement à l'endroit où les indigènes allaient chercher de la neige ; mais que, pour arriver à *las bocas del volcan*, il ne fallait pas y compter : l'entreprise semblait impossible.

Deux indiens et mon nègre m'accompagnaient.

Les chemins, au sortir du village, étaient excellents, avec une pente insensible. D'abord on se dirige à l'O. Jusqu'à la région des Fraylejones je restai à cheval. Rien de plus monotone que la montée de la pamba. J'éprouvai au plus haut degré l'effet du *soroche*. J'avais beaucoup de peine à me tenir éveillé et ma mule, si je ne l'eusse talonnée, se serait endormie. En réalité nous cheminions sur un tapis de verdure. Le silence était absolu. Un renard, qui détala, fut le seul être vivant que nous aperçûmes dans la plaine. Parvenus aux Fraylejones, les indiens me montrèrent un sentier conduisant au lac de las Tocas. A 10 heures, nous nous trouvions au milieu d'un vrai labyrinthe de roches détachées ; je descendis de ma mule. Les indiens, lorsqu'ils vont chercher de la neige, ont soin de disposer sur les roches, à des distances fort rapprochées, des feuilles de Fraylejones maintenues par des pierres. Ce sont les points de repère à l'aide desquels, s'il survient du brouillard, ils parviennent à retrouver leur chemin. La prudence oblige à prendre cette précaution ; en la négligeant on serait exposé à s'égarer. Nous fîmes donc ainsi et nous gravîmes en silence, à la file.

jusqu'à un ravin aboutissant au glacier. A ce point, il y eut une vive opposition de la part de mes deux indiens. Ils refusèrent de me suivre, ne voulant pas dévier de la route qu'ils prenaient pour aller chercher de la glace. J'avais beau leur expliquer qu'en atteignant un rocher que je leur signalais, nous parviendrions probablement sur le sommet de la montagne et par conséquent dans le cratère, dans *la boca del volcan...*, ils ne voulaient rien entendre. J'avais effectivement aperçu de la plaine une sorte de solution de continuité dans la neige, et au-dessus une espèce de dôme à peu près aussi élevé, et, de ce que, dans le lointain, j'avais pris pour un dôme, ou plutôt pour une coupole, on voyait sortir de la fumée pendant le jour, et, la nuit, du feu, comme l'affirmaient, je ne dis pas mes guides, mais les personnes que j'avais consultées. En fait, c'était moi qui guidais les indiens qui, je le compris, ne se souciaient aucunement d'approcher du cratère. Ma détermination prise, j'obligeai les indiens à marcher et je commençai à m'élever vers le mur de trachyte. Il faut avoir escaladé les montagnes escarpées des Cordillères pour se former une idée des difficultés que nous avions à surmonter. Nous marchions sur un amas de pierres de toutes dimensions entremêlées de gravier : un sol mouvant. Il fallait quelquefois sauter d'un bloc de roche sur un autre ; quelquefois aussi on devait enfoncer fortement le pied dans le gravier, afin de pratiquer un escalier. Nous réussîmes, par ce moyen extrêmement pénible, à gravir les pentes les plus abruptes. La difficulté, le danger même d'une semblable ascension se présente là où le terrain est trop résistant pour qu'on y imprime sa trace. Nous avançâmes ainsi lentement, péniblement, jusqu'au-dessus du grand rocher. A droite et à gauche, la neige nous environnait, et, si la piste que nous suivions n'en portait pas, c'est que la pente ne lui permettait pas de s'y fixer, même sur une faible épaisseur. Nous n'en trouvions que dans les cavités. J'étais parvenu le premier au rocher. J'y attendis mon nègre et un des indiens qu'il conduisait comme un prisonnier : l'autre avait déserté.

Quand nous fûmes réunis, nous continuâmes à monter. Je pris l'avance pour donner l'exemple. Quelquefois le gravier manquait et les pierres d'un certain volume devenaient rares. A certains endroits je fus forcé de tailler des escaliers à l'aide du marteau. En regardant en arrière, j'étais effrayé de la longueur et de la forte pente du terrain que nous avions escaladé.

La situation devint alors étrange, par suite du brouillard qui nous enveloppa et dont l'intensité était telle qu'on ne voyait pas un objet à un mètre. Il fallut faire halte jusqu'à ce que le brouillard fût dissipé et, pour le dire en passant, s'il eût persisté, je ne sais si la retraite eût été possible, car nous nous trouvions dans les ténèbres. Heureusement le soleil reparut. Sa lumière ranima mon courage. A l'élévation à laquelle j'étais, un effort musculaire me causait une fatigue extraordinaire, qu'heureusement un repos de quelques minutes suffit à faire disparaître. Cet effet, je l'ai éprouvé à de hautes altitudes.

Après avoir franchi un endroit tellement escarpé que, pour me tenir debout, je dus marcher sur la neige, je commençai à sentir l'odeur de l'acide sulfureux. L'ascension devint facile, et bientôt je me trouvai au milieu de nombreuses fumerolles et entouré d'un cirque de glace. Le volcan de Cumbal était con-

quis. Le premier j'en avais atteint le sommet,
j'éprouvai une vive satisfaction. Le spectacle
était magique : ces flammes émergeant au milieu
d'un amas de neige et un ciel d'un bleu si foncé
qu'il en paraissait noir.

Mon nègre et l'indien arrivèrent bientôt après
moi. S'étant assis, ils me regardèrent sans pro-
férer une parole, tant ils étaient fatigués, es-
soufflés et étonnés. Je me sentais parfaitement
remis ; à peu près à jeun, je dis de sortir les provisions de bouche. J'appris alors, avec regret,
que l'indien déserteur avait emporté les vivres.
Pour toute pitance, j'avais deux œufs dans ma
sacoche, que je partageai avec mes compagnons.

C'était à midi que j'étais parvenu sur la coupole, on pourrait dire sur la *tonsure* du volcan, après avoir monté péniblement durant
deux heures ; il me semblait avoir marché pendant bien plus longtemps. (Alt. du volcan,
4761 m. ; temp. de l'air, 4°,4.) A la limite inférieure des neiges, l'altitude était de 4484 mètres.
Le cratère est par conséquent à 2532 mètres
au-dessus du village de Cumbal.

Le dôme était crevassé dans toutes les direc-
tions par de nombreuses fissures, évents d'où

émanait de l'acide sulfureux, mêlé sans doute à
de l'acide carbonique et à de la vapeur aqueuse
lorsque la température était suffisamment élevée, parce qu'alors le soufre volatilisé, de même
que le gaz sulfhydrique, brûlaient. Lorsque la
température était moindre, l'acide sulfhydrique,
échappant à la combustion, ne produisait pas
d'acide sulfureux; aussi l'argent, mis dans le
courant, devenait noir. On remarquait des espaces circulaires d'où gaz et jets de vapeur sortaient en plus forte quantité, et sur lesquels il
y avait des fragments de trachyte scorifiés, cor-
rodés. Il suffisait d'enfoncer un bâton dans le
sol pour en faire jaillir de la flamme. Au-dessus
de l'endroit où j'étais placé, du côté sud, on
voyait s'élever des tourbillons de vapeur que je
pris d'abord pour du brouillard, mais le vent
ayant amené vers nous cette vapeur, l'odeur de
l'acide sulfureux devint telle, qu'il fallut s'éloi-
gner pour ne pas être asphyxié.

Le calme s'étant rétabli, je pus recommencer
à descendre, puis, le vent d'Est ayant soufflé
violemment, je pus parvenir au foyer d'où éma-
naient les vapeurs qui nous avaient suffoqués.
C'était une surface circulaire d'environ 25 mètres

de diamètre, légèrement concave. Le sol sur lequel je me trouvais était si chaud qu'on ne pouvait y rester en place, on était d'ailleurs environné de flammes sulfureuses, ayant parfois un demi-mètre de hauteur, qui apparaissaient et disparaissaient comme des feux follets. On marchait certainement sur un sol creux ; sur certains points la vapeur, en sortant, produisait des sifflements horribles. Je n'essayai même pas d'en prendre la température qui devait être au minimum celle à laquelle s'enflamme la vapeur de soufre. Je m'empressai d'examiner la nature du gaz dans les évents les moins chauds, là où il n'y avait pas de combustion. Mon laboratoire fut improvisé, aussitôt que je me fus procuré de l'eau par la fusion de la neige. Le gaz que je parvins à recueillir contenait 95 p. 100 d'acide carbonique, un peu d'acide sulfhydrique et de la vapeur d'eau. Le résidu, non absorbable par l'alcali, devait être en grande partie de l'azote. Je n'avais pas les moyens de constater si cet azote renfermait un gaz combustible.

Ainsi, de même que dans les volcans de Puracé et de Pasto, les principaux fluides élastiques émis par les évents dont la température

n'est pas suffisamment élevée pour déterminer
la combustion de soufre, consistaient en :

Vapeur d'eau.
Acide carbonique.
— sulfhydrique.

Sur les parties noirâtres du sol, on apercevait çà et là de gros morceaux de soufre. Sur un point, je recueillis des lamelles d'une substance brillante, ayant l'aspect du plomb. C'était, je crois, de l'arsenic métallique et la teinte rouge, présentée par de certains échantillons de soufre, me fit présumer la présence du réalgar ou sulfure d'arsenic.

Ayant monté l'appareil à l'eau extraite de la glace, dont je fis usage au volcan de Pasto, je reconnus que la vapeur condensée ne renfermait pas d'acide chlorhydrique.

La glace formant l'enceinte du cratère, avait pour origine la neige; elle était devenue une véritable roche, transparente, reflétant une teinte bleue, dans laquelle on remarquait de larges fissures provenant de tassements successifs déterminés par la fusion des parties inférieures reposant sur le trachyte. La hauteur, ou, si l'on veut, l'épaisseur de cette eau congelée ne dépassait pas 6 à 8 mètres, du moins là où il me fut donné de l'observer. Cette limite dans l'épaisseur de la glace recouvrant les sommets des Cordillères est due à un phénomène sur lequel j'aurai l'occasion de revenir.

Les caractères du trachyte observé sur le Cumbal ne diffèrent pas de ceux du trachyte du volcan de Pasto. Je fis néanmoins une collection complète de cette roche.

Malgré l'intérêt que me présentait le cratère, il n'eût pas été prudent d'y rester plus longtemps : le vent d'Est, mon protecteur, pouvait cesser ; j'aurais alors couru un très grand danger.

Quand nous commençâmes à descendre, il n'y avait pas de brouillard, néanmoins les feuilles de Fraylejones que nous avions laissées comme repères furent très utiles, parce qu'elles nous montraient le chemin par lequel nous étions passés. Dans la pambá, je montai sur ma mule que j'y avais laissée entravée. Il n'y eut rien de nouveau à noter, si ce n'est la rencontre de deux chiens sauvages, *perritos de monte*, ressemblant singulièrement au renard que nous avions aperçu en venant.

Arrivé à la lagune de las Tocas, j'ai pris l'altitude : 2 558 m., temp. 15°. C'est une très grande pièce d'eau.

Six heures sonnaient quand j'entrai à Cumbal, un gros morceau de soufre à la main, pour prouver à l'alcade et aux cavalleros de la localité que j'avais atteint le sommet du volcan.

Le point culminant du Cumbal est à 6 milles au N.-N.-O. du village qui lui-même est situé à 0°54′ de lat. N., et à 80° 10′28″ de long. O. et à 6 à 7 milles au S.-S.-O. de l'Azufral de Tuquerres, distance assez forte pour considérer le Cumbal et l'Azufral comme des foyers indépendants.

26 juin. — Avant de quitter Cumbal où le froid m'empêcha de dormir, je pris la température du sol : 10°,6.

Parti à 11 heures j'arrivai, après 2 heures de marche, au rio Carchi; à 2 heures j'atteignis le rio de las Juntas, tributaire du Carchi. Il était près de 4 heures quand j'entrai à Tulcan, village situé à l'extrémité sud de la Nueva Granada par 0°53′ de lat. N. et 80° 12′30″ de long. O. Alt. 3019, temp. 11°,6.

Je me trouvais sur le territoire de la République de l'Équateur. Tulcan est à 1 lieue de Carchi. La nuit fut désagréable. Dans la maison où j'étais logé on avait festoyé. Une douzaine d'indiennes, ivres de chicha, m'amusèrent d'abord par leur loquacité ; ce qu'elles disaient, je ne le comprenais pas ; elles parlaient le Quichua. Les indiens dormaient profondément. Quand aux indiennes, elles riaient comme des folles : c'est leur manière de se déclarer ; j'ordonnai à mon nègre de les mettre à la raison. Singulier effet de l'alcool. Si ces indiennes n'eussent pas été sous l'influence de la boisson, elles n'auraient pas articulé une parole. J'aurai bientôt à décrire une scène d'ivresse dans la très haute société de l'Équateur.

L'orgie, la fumée du foyer, les cris plaintifs des curies ne me permirent pas de fermer l'œil. Temp. souterraine 12°.

27 juin. — A 8 heures je quittai Tulcan. Je montai continuellement jusqu'au páramo del Boliche (alt. 3485, temp. 12°). De cette station on descend jusqu'à Guaco (alt. 3010, temp. 16°). Je me dirigeai ensuite sur Tusá (alt. 2943, temp. du sol 12°,8). Dans les environs on exploite des arbres à quinquina. Dans une localité

nommée El Pun, derrière la Cordillère, au milieu des bois, existe une population d'indiens
non christianisés, à peu près sauvages, les *Yam-
bos*, d'ailleurs très inoffensifs.

Les principaux cours d'eau connus dans la
proximité de Tusa sont: au S. les ruisseaux del
Puntal, et Cuesaca, se rendant au rio Chota; et
au N. divers quebradas, allant au rio Carchi.

L'élevage du bétail est assez développé dans
le canton, les herbages y étant excellents.

28 juin. — De Tusá, d'où je sortis à 8 heures,
la route n'offre rien de remarquable. On était
toujours sur le trachyte, dont les débris forment
des alluvions assez puissantes. Après avoir traversé les quebradas de Tusa, Capuli et Honda,
je m'arrêtai, à midi, dans la Venta de Huesaca,
près du village d'el Puntal (alt. 2783 m., temp.
23°). Le sol était partout d'une extrême aridité.
A 5 heures je fis halte dans l'hacienda de Pucará, propriété des Dominicains (alt. 2995 m.,
temp. du sol 13°,3), température élevée, si l'on
considère la hauteur de la station.

29 juin. — A 8 heures, je laissai la triste
hacienda. Bientôt commença une pente rapide
aboutissant au rio Chota. A midi, j'arrivai à la

sucrerie de San Vicente. Après un repos d'une
heure, je continuai ma route. A 2 heures, je
passai le pont de Chota (alt. 1 622 m., temp.
26°). Là je dirigeai mes bagages sur Harrá et je
pris le chemin de Salinas. Un peu au-dessous
du pont, le rio Chota se joint au Mira en per-
dant son nom. Le cours d'eau devient alors important. Je suivis la rive gauche de cette nouvelle rivière, par un sentier glissant, tracé sur
un escarpement. Après une heure de marche,
on sort de la vallée pour entrer dans celle de
Ambi et côtoyer, en le remontant, le cours de
ce torrent, au fond duquel on descend par un
chemin des plus accidentés et, en plusieurs
endroits véritablement effrayant.

Depuis Pucará j'étais resté sur cette alluvion
trachytique. Sur les bords du Mira, je remarquai
un four à chaux servant à calciner un calcaire
sédimentaire analogue à celui de Pasto et déposé par une saline iodifère, sortant d'un trachyte noir à pâte fine enfermant des cristaux de
feldspath vitreux. Cette roche fortement fendillée supporte l'alluvion dont font partie le
sable et l'argile salifère du Mira. Après avoir
franchi l'Ambi, je gagnai l'esplanade sur la-

quelle est le village de Salinas où j'arrivai un peu avant l'heure de la *Oracion*, c'est-à-dire au coucher du soleil.

L'alcade m'offrit un logement chez lui.

Salinas de Mira est triste, aride : du sable, pas un arbre. Cependant il y règne une certaine animation ; par suite de l'extraction du sel marin par un procédé des plus primitifs. La terre prélevée à la surface du sol possède à peine la saveur salée. On la lessive sur des sortes de filtres faits d'une peau de bœuf. Lorsqu'on juge l'eau suffisamment riche en sel, on l'évapore à siccité dans des chaudières en cuivre (fondos). Le résidu salin est grenu, de couleur grise. On le moule dans de petits sacs en toile pour lui donner la forme de petits pains oblongs pesant de 2 à 3 livres et, pour consolider ces pains de sel, on les cuit dans un foyer, à une température qui m'a paru le rouge à peine naissant. Ils acquièrent ainsi une dureté suffisante pour supporter le transport sans se désagréger.

On les exporte jusqu'à Pasto, où on ne consomme pas d'autre sel. C'est vraisemblablement à son usage qu'on doit attribuer la rareté du goitre chez les Pastusos, le sel de Mira étant iodifère. La carga, pesant 10 arrobas, se vend 10 piastres aux salines ; la vente produirait annuellement environ 40000 piastres. Le sel de Salinas est très apprécié pour les salaisons.

La terre lessivée est rejetée sur le sol et l'on assure que quelques mois après on peut la lessiver avec profit. Suivant les indiens salineros, le sel serait formé spontanément; il est cependant plus vraisemblable que, le lessivage étant incomplet, la masse contient encore du sel qui, en raison de sa propriété *grimpante*, se rassemble avec le temps à la superficie du sable. Quant à l'origine même du sel, je suis porté à l'attribuer à des sources surgissant des trachytes supportant l'alluvion. Ces eaux salées pénètrent dans les parties terreuses par imbibition, une sorte de concentration s'opérant à la surface du terrain, par suite d'une évaporation favorisée par l'atmosphère. Les plaines salées sont circonscrites vers le milieu de l'immense plaine (llano) du Nevado de Cotocachi que je voyais pour la première fois.

N'ayant pas mon baromètre, je n'ai pu déterminer l'altitude du Mira.

Il est assez singulier que le climat de las Sa-

linas soit malsain ; les fièvres y sont fréquentes
et, d'après l'ecclésiastique qui m'accompagnait,
il y serait mort cinq curés en huit ans. Est-ce à
l'humidité dont le sol est imprégné qu'il faut
attribuer cet effet? Ce qu'il y a de certain, c'est
que les habitants ont fort mauvaise mine, sans
en excepter l'alcade qui m'avait offert l'hospita-
lité. Le pauvre homme était atteint d'une grave
affection de foie. Après le souper, il m'engagea
à me coucher, en me montrant une sorte de lit
de camp sur lequel il s'étala à demi nu, pour
que sa femme lui appliquât sur le côté droit un
large cataplasme d'une odeur bien pénétrante ;
puis ayant ficelé le patient, elle se coucha près
de lui en m'invitant à prendre place à sa droite,
ce que je fis, en conservant mon uniforme, botté
et éperonné. Grâce à mon puncho, j'eus une cou-
verture. L'homme et la femme commencèrent
à réciter les litanies, et tous nous nous endor-
mîmes. Drôle de couchée !

30 juin. — Le lendemain je sellai ma monture
et, sans réveiller personne, je partis avant le
lever du soleil, à 5 heures du matin. La route
était en bon état, parce qu'elle était fréquentée
par les salineros. Je passai le rio Ambi bien

plus haut que le point où je l'avais traversé en me dirigeant sur Mira. A 1 heure, étant encore à jeun, je fis mon entrée dans la cité d'Ibarra ; je m'y rencontrai avec mes mules de charge qui arrivaient juste en même temps que moi.

Ibarra, fondée en 1606, dans une belle plaine, entre les rios Taguando et Agavi par 0° 24′ de lat. N. et 80° 37′ 30″ de long. O. du méridien de Paris. C'est une ville dont les rues sont larges et rectilignes ; les maisons généralement construites en briques crues (adobes) sont couvertes en tuiles ; elle contient quelques édifices dont les principaux sont : la *matriz* (cathédrale), formant un côté de la plaza mayor, les couvents de la Compagnie de Jésus, de Santo Domingo, de la Merced, de San Francisco, où se trouve le collège, le monastère de las Conceptas, école primaire des filles ; la Casa del Gobierno et un hôpital. On estime la population à 13 ou 14 000 âmes.

D'Ibarra, on relève à l'O.-S.-O. à 16 milles de distance, le Cotocachi, dont la cime, couverte de neiges, atteint l'altitude de 5 165 mètres. Au pied de la pente Sud de la montagne, se trouve la laguna de Cuycocha, et le lac du Lierre

(Aguti). Au nord de la ville, on connaît un autre lac, c'est le Yaguar Cocha, le lac du sang. Au S.-E., on aperçoit le Nevado de Cayambi; une observation au théodolite donna un angle vertical de 5° 4′.

L'alcade me logea dans une charmante habitation appartenant à une señora sur le retour. Tout, dans la maison , indiquait une grande aisance. Quatre beaux enfants, de cinq à dix ans, admiraient mes instruments. La dame répondant à un compliment que je lui adressais sur l'amabilité de sa jeune famille, me dit naïvement qu'elle n'était pas mariée, que ses enfants avaient quatre pères différents. Je ne me permis aucune réflexion, on le pense bien; mais j'ai rencontré, dans l'Équateur, plusieurs femmes riches possédant des terres, qui avaient conservé une pareille indépendance. Bonnes et excellentes mères, sans maris !

Cela se comprend quand on sait comment certains hommes dissipent la fortune de leurs épouses. Presque tous sont joueurs et leur conduite est peu exemplaire. J'ai rencontré d'honorables exceptions ; mais nulle part au monde, il n'y a autant de filles-mères que dans les an-

ciennes possessions espagnoles. Les *amanze-
rados*, gens vivant en concubinage, se voient
dans toutes les classes de la société.

Ibarra me rappela une histoire assez curieuse
qui fit quelque bruit à une certaine époque et
qu'on n'avait pas oubliée. C'était à l'époque où
l'armée de la République de Colombie, envoyée
pour donner la liberté au Pérou, commençait à
éprouver des déceptions. Dans les Provinces du
Sud, il se faisait un revirement d'opinion en faveur des Péruviens : on craignait un soulèvement
qui, je m'empresse de le dire, ne s'est pas réalisé.

Le Gouvernement colombien, désirant connaître l'état des esprits, dans les villes importantes de l'Équateur, profita d'une mission scientifique confiée à un jeune ingénieur pour le
charger de faire en même temps une sorte d'enquête sur les tendances politiques de la population. Naturellement Ibarra fut désignée comme
un des points de l'enquête. Les instructions
étaient rédigées, quand le général Bolivar ajouta
verbalement un singulier post-scriptum : « A propos, dit-il, il y a, à Ibarra, un fonctionnaire possédant une señora des plus agréables et qui

pourra **vous** communiquer d'utiles renseignements. Vous serez nécessairement reçu dans la
maison. »

Mais il était difficile de parler sérieusement
des affaires publiques avec la señora en question, charmante, mais peu communicative. Il
s'agissait de causer avec elle sans témoins.

L'ingénieur se trouva fort embarrassé de
nouer une relation intime, décidé qu'il était à
ne pas écrire une ligne, quand, fort à propos, il
reçut une de ces visiteuses qui guettent, dans les
villes d'Amérique, les étrangers pour leur faire
certaines propositions : ce sont des entremet-
teuses ayant généralement le costume monastique d'un ordre religieux. L'intermédiaire dont
il est question portait la robe « de la Concepcion ».

L'ingénieur, après avoir glissé une pièce d'or
dans la main de la béate proxénète, c'est le nom
de l'espèce, lui demanda de vouloir bien lui
fournir l'occasion d'un rendez-vous avec la dame
en question. La béate se signa plusieurs fois en
disant que c'était là une chose dont elle ne pouvait se charger.

— Eh bien ! alors, n'en parlons plus.

A quelque temps de là, visite de la béate. annonçant que la dame réfléchissait, que le jeune ingénieur devait assister à la messe le dimanche suivant et s'arranger de façon à lui offrir l'eau bénite, après le service divin, que si elle acceptait, cela signifiait qu'elle consentait à une entrevue. Ainsi fut fait.

A peine le prêtre officiant eut-il prononcé le *Ite missa est* que l'amoureux, ou plutôt le diplomate, donna une gratification au donneur d'eau bénite, en s'emparant du goupillon qu'il présenta à la dame à sa sortie de l'église. Abaissant, avec cet art que possèdent seules les femmes du Sud, un coin de sa mantille, et jetant un regard oblique sur le jeune homme, elle semblait hésiter; enfin, elle mouilla son doigt et fit le signe de la croix. La cause était gagnée. C'est alors que survint un incident regrettable. Dans sa joie excessive, on pourrait dire dans son délire, l'ingénieur plongeant à plusieurs reprises le goupillon dans le bénitier, se mit à badigeonner de telle sorte le donneur d'eau bénite qu'il l'inonda et, par l'effet de cette ablution à outrance, le pauvre petit vieux fut pris d'un éternuement formidable; jamais on n'avait vu ni entendu

éternuer ainsi ; on entoura le cher homme qu'on
eut toutes les peines du monde à tranquilliser.
Le jeune fou qui avait occasionné cet accident,
craignant une manifestation hostile, jugea prudent, sur le conseil de ses amis, de disparaître
pendant quelques jours, en allant à la campagne.
L'affaire n'eut pas de suite, mais on parla longtemps de l'affaire du goupillon à Popayan et à
Quito. Le reste ne mérite pas d'être raconté : la
diplomatie ne tira aucun profit des colloques de
la dame avec l'officier. Cette dame ne savait rien
de l'opinion du pays ou, si elle en savait quelque
chose, elle ne révéla rien. Elle fut aimable, et
voilà tout !

Depuis mon passage, la ville d'Ibarra a été
détruite de fond en comble par un tremblement
de terre. Plus de 5000 habitants furent ense-
velis sous les ruines, et parmi eux plusieurs de
mes bons amis [1].

Parti d'Ibarra, à 10 heures du matin, je
passai la Quebrada de San Antonio ; une heure
après, vers midi, je déjeunai dans le village
(alt. 2475 m.). On paraît contourner l'Imba-

---

1. Ce tremblement de terre eut lieu le 16 mars 1868.

burá (alt. 4 930 m.), montagne qui semble isolée de la Cordillère, à 9 milles au S.-S.-E. d'Ibarra, et que l'on considère comme un ancien volcan, ainsi que son nom indien semble l'indiquer. En langue Quichua, *Imba* signifie petit poisson noir et *bura*, criadero, père. On assure que, dans les éruptions aqueuses du volcan, il sortait des quantités de poissons (preñadillos) de l'Équateur.

On n'a jamais, je crois, cité une éruption volcanique de l'Imbaburá. Quant au nom du petit poisson, il provient sans doute de ce que les preñadillos sont abondants dans les eaux coulant sur le versant de la montagne.

A 4 heures, nous passons près de la ville d'Otabalo, que nous laissons à notre droite (alt. 2 500 m., lat. N. 0°15 ; long. O. 80°47'30"). La population ne dépasse pas 8 000 âmes, et néanmoins on y compte cinq églises et deux chapelles à pèlerinages.

A 5 heures nous arrivons dans la splendide vallée de San Pablo, située près d'un grand lac. J'avais à choisir entre deux sentiers tracés dans la plaine, où je vis pour la première fois des llamas employés comme bêtes de charge et conduits par un indien à puncho de laine noire, caleçon de coton, chapeau de paille de forme singulière, à petits rebords. Je m'approchai de cet homme pour lui demander lequel des deux sentiers je devais suivre pour arriver au village. Mon indien ne parlait pas l'espagnol, et j'ignorais le Quichua; il comprit cependant la question que je lui avais adressée et m'indiqua par gestes la route de San Pablo, où j'arrivai en moins d'une demi-heure.

Je venais d'avoir sous les yeux une scène d'avant la conquête, un Quichua conduisant des llamas. Lac de San Pablo (alt. 2760 m.). On désigna aussi ce lac sous le nom de Chilpacon, à cause des *nutrias* (loutres) qui y vivent; on dit aussi que les eaux contiennent en abondance des preñadillos.

San Pablo est au S.-S.-O., à la base de l'Imbaburá. C'est une localité peu importante; néanmoins on est frappé du grand nombre d'habitations indiennes disséminées sur le bord du lac. La vie y est facile par l'abondance du poisson et des oiseaux aquatiques.

Je n'ai vu nulle part, dans les Cordillères, une situation plus attrayante que celle de cette large vallée de San Pablo, douée d'un climat tempéré (temp. moy. 14°), possédant de plantureux herbages permettant les cultures de l'Europe et l'élève du bétail; particulièrement des mérinos qui partout, dans les régions à hautes altitudes ont fait disparaître les llamas.

1ᵉʳ juillet. — En sortant de San Pablo à 8 heures, je descendis à Tabacundo, où je fis halte de midi à 2 heures pour y attendre mes bagages (alt., 2980 m., lat. N., 0° 7′, long. O.). Tabacundo est un village indien de 2 000 âmes.

A 4 heures, on traversa le ruisseau Cachiquanya roulant des blocs de trachyte. A 6 heures je pris gîte à l'hacienda de la Chorrera près d'une maison nommée Cocherqui, extrémité septentrionale de l'arc mesuré par les académiciens français; j'étais dans la vallée du Rio Pisque. Depuis Tabacundo jusqu'à la Chorrera, on trouve dans le sable des fragments d'obsidienne semblables à ceux de los Ubales, près Popayan. J'en fis une intéressante collection.

2 juillet. — A la Chorrera (alt. 2 493 m., temp. du sol 11°,7). Le terrain appartient à cette alluvion ou, si l'on veut, au conglomérat trachy-

tique nivelant toute la contrée et dont les assises
supérieures consistent en sable fin peu coloré,
alternant avec des assises formées d'un sable
noir faiblement agglutiné.

Parvenu dans la quebrada, je vis une magnifique colonnade de basalte prismatique d'une
grande hauteur et supportant l'alluvion, et je
constatai nettement que des colonnes de basalte
en prismes pentagonaux, sur certains points,
recouvrent une partie d'un conglomérat à grains
très fins de couleur blanc jaunâtre. Cette masse
basaltique ne paraît pas être fort étendue, on la
suit jusqu'au Rio Pisque.

J'avais quitté la Chorrera à 8 heures, à 9 heures
j'étais au pont de Pisque. Je suivis la rive gauche
de la rivière jusqu'au village de Guallabamba où
j'étais à midi. J'aurais continué, si mon nègre,
en extase devant un mouton accroché à l'étal
d'un boucher, ne m'eût engagé, dans l'intérêt
de ma santé, à en manger les côtelettes, me faisant observer que j'avais fait bien triste chère
depuis plusieurs jours. Je me rendis à cette excellente raison, et il décrocha le mouton. Pendant ce colloque, j'étais resté à cheval ; quand
je m'aperçus qu'une douzaine d'indiens s'appro-

chaient de ma monture. Je tirai mon sabre, ce qui suffit pour les mettre en fuite. Après un bon repas, durant lequel moi et mes hommes fîmes disparaître le mouton, nous nous mîmes en marche. La carte à payer n'était pas chère : 2 francs, sans compter la chicha.

A 2 heures je passai le rio Guallabamba, sur un pont. Ses eaux entraient un peu plus en aval dans le rio Pisque pour former le rio Perucho, affluent de la rivière des Esmeraldas, qui se jette dans l'Océan Pacifique. C'est sur ce pont de Guallabamba que quelques mois plus tard fut assassiné mon ami, le colonel Withe. J'avais donc fait prudemment en chassant loin de moi les indiens qui voulaient caresser ma mule.

Un dérangement survenu à une vis de mon baromètre m'empêcha de vérifier l'altitude du Paso de Guallabamba (alt. 2 108 m. ; temp. 18°), je le regrettai beaucoup. Après avoir monté pendant 2 heures une côte rapide, je débouchai sur l'esplanade de Quito. Je pris gîte à l'hacienda de las Carretas. Le ciel était limpide. Pour la première fois j'aperçus les cimes neigeuses du Cotopaxi et de l'Antisana.

A l'hacienda de las Carretas on cultive du froment et des pommes de terre, on élève du bétail. La pièce où je logeai était envahie par un grand nombre de curies (cochons d'Inde). Naturellement on m'en fit une gibelotte ; ceux qui échappèrent au massacre m'empêchèrent de dormir par leurs cris incessants.

4 juillet. — Je laissai las Carretas à 9 heures du matin (alt. 2773, temp. 16°). Le chemin est fort monotone. Après 2 heures de marche, j'aperçus Quito. Sur la promenade, je rencontrai plusieurs personnes qui s'arrêtèrent pour me regarder. J'étais proprement astiqué, et l'on ne pouvait supposer que je venais de faire un aussi long voyage. Avant midi, je mettais pied à terre chez el Senor de Valdiviesso, ministre des relations extérieures. Je vis là une dame charmante qui me toisa des pieds à la tête ; puis arrivèrent les promeneurs que j'avais intrigués, de futurs amis et amies : le colonel Demarquet, premier aide de camp du Libertador ; le général Barriga, dont j'avais connu la famille à Zipaquira ; il venait d'épouser la veuve du grand maréchal Sucre ; elle était là, et parfaitement consolée ; Mme Demarquet, une belle femme, et c'est tout. On avait mis à ma disposition le palais de l'archevêque de Quito sur la plaza mayor, el señor Lasso, que j'avais vu à Bogota, au congrès, un saint homme d'une ignorance parfaite. Il venait de mourir, de sorte que je fus seul dans son immense palais : un lit magnifique, sans matelas, quelques fauteuils et une table — pas d'autre luxe.

Mme Valdiviesso me dit avec une grâce charmante que je ne devais pas manquer de venir prendre mes repas chez elle où on ne se mettrait pas à table sans moi. Je connaissais, depuis assez longtemps de réputation, Mme de Valdiviesso, dont j'aurai l'occasion de parler quelquefois. Sa physionomie me fut sympathique au premier abord. Sans être jolie dans la vraie acception du mot, sa figure plaisait. Elle avait un teint mat qui promettait, des yeux tantôt bleus, tantôt verts, suivant l'incidence des rayons lumineux, sa taille était moyenne et bien prise, ses pieds microscopiques ; sa main ne laissait rien à désirer, elle avait la souplesse andalouse d'un corps qui n'est pas emprisonné dans un corset ; ses cheveux étaient d'une très belle nuance, mais d'une couleur difficile à définir, d'un beau châtain doré.

C'était un curieux assemblage que celui des quelques personnes que le hasard avait réunies à mon entrée à Quito ; elles sont toutes mortes aujourd'hui, à l'exception, je crois, de Barriga. J'ai prononcé quelques paroles d'adieu sur la tombe de mon camarade, le colonel Demarquet, dans le cimetière du Père La Chaise. J'ai vu aussi mourir sa femme à Paris. M. et Mme de Valdiviesso sont morts quelques années après mon retour en France.

Le soir même de mon arrivée, je me retirai à l'archevêché. Je m'étais assis dans un de ces grands fauteuils en cuir de Cordoue du XVIe siècle, près d'une table, où j'écrivais dans mon journal, quand je sentis par deux fois remuer mon fauteuil. Quel ne fut pas mon étonnement de voir près de moi, en me retournant, une jeune métisse, passablement bien, munie d'une paire de sourcils arqués d'un noir foncé et en harmonie avec des tresses de cheveux de la même teinte.

— Qui es-tu ? Que fais-tu là ?

— Je vous ai suivi. J'appartiens à la maison de Mme Catita (Valdiviesso).

— Que veux-tu ?

— Rien.

C'était un attachement spontané, pas du tout gènant. La métisse pouvait avoir 16 à 17 ans. C'est par elle que je fus informé chaque matin de ce qu'il y avait de nouveau dans la ville. Ce qu'il y eut de drôle, c'est que le bruit courut, depuis que j'habitais son palais, que l'archevêque apparaissait la nuit, qu'il portait un manteau blanc, on l'avait vu plusieurs fois ; le concierge le jurait. Le manteau blanc, c'était le *rebozo*, la mantille blanche dans laquelle s'enveloppait la jeune métisse pour ses expéditions nocturnes.

J'étais fort commodément installé dans l'archevêché. Mon nègre s'était emparé de l'antichambre ouvrant sur une galerie extérieure. Les fenêtres de mon appartement donnaient sur la plaza mayor, au milieu de laquelle s'élevait une fontaine et qui était terminée par la façade de la cathédrale. Mme Valdiviesso avait envoyé quelques articles de ménage, ce qui permettait à mon nègre de préparer mon déjeuner, du chocolat et de magnifiques biftecks extraordinairement épicés.

Généralement je travaillais chez moi jusqu'à
1 heure ; puis j'allais dîner chez mes hôtes.
La table était divisée en haut et en bas bout.
Au haut, les maîtres, les enfants, les étrangers
de distinction, puis, en descendant, un moine
de San Francisco, deux pauvres étudiants en
théologie, etc. On était servi par des femmes
indiennes et bien servi. La nourriture, très
abondante, consistait en viande venant des ha-
ciendas, en pain très blanc comme on n'en fait
pas en Europe, en nombreux légumes, confitures, fromages, et, pour boisson, de l'eau limpide. Le moine, un charmant farceur, disait le
bénédicité et les grâces. Après le dîner, chacun
se retirait. Madame travaillait avec l'homme
d'affaires, le mari se rendait à son ministère, et
l'armée de jeunes métisses, de mulâtresses,
travaillait à des ouvrages à l'aiguille ou filait
au fuseau du coton ou de la laine.

Le soir, à 7 ou 8 heures, il y avait tertullia,
une réunion sans cérémonie, à laquelle ne manquaient pas les amis de la maison. La tertullia
a un caractère particulier. La causerie n'y est
pas générale. Il y a beaucoup d'apartés. A un
moment donné, on sert le chocolat et l'on ap-

porte un souper choisi que chacun consomme où il se trouve et où il reçoit les portions de fricandeau, de locro, de sancocho.

Jamais on ne jouait chez Mme de Valdiviesso. On y racontait des histoires très amusantes. Les hommes dominaient dans la réunion. Les femmes, à Quito, on peut dire dans les grandes villes de l'Amérique méridionale, ne sortent le soir qu'alors qu'elles sont invitées à un bal ou à une fête, chaque grande dame ayant sa tertullia chez elle, tertullia qu'on peut définir ainsi : réunion intime dans un appartement mal éclairé. Sur les 10 ou 11 heures du soir, la société se retire et, comme la ville n'est pas pourvue de réverbères, chacun se fait accompagner de domestiques porteurs de lanternes et aussi de machetes (sabres).

Je ne me suis, je crois, jamais ennuyé dans une tertullia. On y rencontre des conteurs délicieux : c'est un art que les Espagnols ont emprunté aux Orientaux. Il y avait, chez Mme de Valdiviesso, un vieillard, président de la haute cour de justice, qui était passé maître comme conteur. Le docteur Quintana m'a fait passer de bien agréables moments. Je regrette de ne pas avoir mis sur le papier quelques-unes de ses histoires.

Quito, comme toutes les villes situées dans les Cordillères, a un caractère profondément monastique. Bien que sa population soit, assure-t-on, de 60 000 habitants, on ne rencontre guère dans les rues que des moines et des prêtres.

Demarquet s'empressa de me prévenir que, dans mon intérêt, je devais faire acte de présence à l'église, ne fût-ce qu'une fois, afin de bien établir que, quoique étranger, je n'étais pas hérétique. Le dimanche suivant, en grand uniforme, j'accompagnai Demarquet à la cathédrale, à la grand'messe. De même qu'à Caracas, à Bogota, les dames étaient assises par terre, à la mauresque, sur un tapis, les pieds sous le *trasero*, accompagnées d'une esclave noire ou d'une indienne paraissant faire peu d'attention au service divin. J'étais là, assez embarrassé de ma personne... mais tout a une fin. A la sortie, Demarquet me présenta à des dames amies de sa famille, dont plusieurs étaient ravissantes.

Quito est, je crois, une des cités des Andes les plus riches en édifices. D'abord la cathédrale, un beau portail, puis l'archevêché, mon gîte, la maison du Gouvernement, le couvent de la Compagnie de Jésus ; le collège des Jésuites, comprenant quelques établissements importants ; l'Université ou collège, sur lequel on lit gravé sur une table en marbre le résultat des observations exécutées par les académiciens français en 1736 et où l'on voit un cadran solaire construit par les mêmes savants, mais que les oscillations du sol, par suite des tremblements de terre ont déplacé de la ligne méridienne. Une partie de l'immense bâtiment est affectée au séminaire de San Luis qui contient une bibliothèque de 15 000 volumes. Plus loin, on a établi la Casa de Moneda. A l'époque où je la visitai, on y fabriquait à peu près ostensiblement de la fausse monnaie. Le directeur faux monnayeur était un excellent petit vieillard. En un mot, on avait utilisé de différentes manières le couvent où il ne manquait que des Jésuites qui avaient *été expulsés* je ne sais plus en quelle année[1].

1. Ils ont été rappelés en 1852, sous la présidence de mon ancien élève Garcia Moreno ; ils occupèrent l'emplacement nommé le couvent de los Camillos.

Le couvent de San Francisco est aussi un édi-
fice remarquable qui présente une belle façade;
on voit encore une église entourée de deux
chapelles dédiées à San Buenaventura et à San
Cantima. Viennent ensuite les églises del Sagra-
rio de Santa Clara, d'une architecture légère,
les couvents de Santo Domingo, de la Merced,
de San Agustin et ceux de femmes, des Carmé-
lites, de Santa Catalina, de la Concepcion.

Les grands couvents ont des petits couvents
(*conventillos*), des annexes, aux extrémités de
la ville. En sus des églises, des couvents, il y a
les églises paroissiales, desservies par le clergé
régulier, San Blas, Santa Barbara, San Roquo,
San Marcos, San Sebastian, plus 22 chapelles
réparties sur divers points et de nombreux ora-
toires établis dans les maisons des particuliers :
chacun choisit son saint; chaque saint a sa
clientèle.

Il y a, en outre, à Quito, deux ou trois hôpi-
taux fort mal tenus.

Lorsque, du haut d'une montagne, on voit
ces couvents, ces églises, ces chapelles, on est
vraiment étonné, on fait la réflexion que cette
population doit être bien fanatique; il n'en est

rien, le peuple est superstitieux : voilà tout. Il exerce sa religion de la manière la plus agréable : les cérémonies du culte lui plaisent; après les courses de taureaux, c'est là qu'il éprouve le plus grand plaisir. J'ai connu plus d'une belle pécheresse qui me disait en confidence : « Je pèche; on me donne une pénitence; je ne la fais pas, et je recommence. » Tout est dans la pratique extérieure et je me suis assuré que les femmes surtout n'avaient pas la moindre idée de la religion qu'elles pratiquaient avec tant de dévotion; plusieurs n'adoraient que la Vierge Marie; quant à Dieu, elles en faisaient peu de cas.

Quito est à la base orientale du volcan de Pichincha, par 0° 13′ de lat. Sud et 81° 5′ de long. O. du méridien de Paris. Son altitude, à la plaza mayor, à l'archevêché, est de 2 920 m. ; sa température moyenne, de 15° environ.

Le sol est très inégal; sur plusieurs points, on a été obligé de couvrir les ravins pour aplanir le terrain.

La ville est abondamment pourvue d'eau par plusieurs torrents; le principal est le Machangara, qui capte, en quelque sorte, les ruisseaux naissant sur les pentes du Pichincha et reçoit, à Quito même, le rio Jérusalem. Le Machangara, après s'être réuni aux rios San Pedro et de Chicha, forme le Guallabamba, qui, plus au Nord, après avoir pris le nom de rio de las Esmeraldas, se jette dans l'océan Pacifique.

Malgré l'abondance de l'eau, les habitants se baignent rarement, les indiens, jamais; aussi est-il difficile de voir une population aussi sale; elle se plaît avec la vermine, et, quand don Quixote disait à Sancho Pança qu'il leur serait facile de reconnaître leur arrivée sous la ligne, parce qu'il ne trouverait plus un pou sur sa personne, il le trompait. On aura une idée de la quantité de vermine vivant sur la basse classe de Quito par le fait suivant : la prison avait une ouverture grillée donnant sur la plaza mayor, par laquelle les prisonniers demandaient l'aumône aux passants. Malheur à celui qui refusait son obole : il recevait une charge de poux (et quelle charge!) qu'on lançait au moyen d'un tuyau de plume de condor servant de sarbacane.

A une extrémité de la ville s'élève el Panecillo (pain de sucre) d'une hauteur de 200 m. C'est le *yavirá* des indiens. On y avait établi le

magasin des poudres. Au Nord et au Sud s'éten-
dent deux grands plateaux : Ina Quito et los Ejidos.
On trouve aussi, non sans étonnement, sur des
espaces considérables, des *rumipambas* (champs
de pierre), couverts de blocs de trachyte que la
tradition attribue à des éruptions du Pichincha.

La cité est au centre de montagnes d'une
grande élévation, d'où l'on jouit d'un beau pa-
norama de la ramification des Andes. On aperçoit en effet plusieurs cimes couvertes de neiges
éternelles : le Cayambi, l'Antisana, le Cotopaxi,
el Corazon, l'Illinisco, le Pichincha, le Cotocachi.

Quito a été élevée sur l'emplacement du
Royaume de Quito, résidence de l'Inca Huaynaca-
pac, et depuis la capitale de l'empire Atahuallpa.

Le capitaine espagnol Sébastian Belalcazar
s'en empara pacifiquement en l'année 1533. C'est
de Quito que ce conquistador dirigea ses expéditions jusque dans la vallée du Cauca, expéditions qui eurent pour résultat la fondation de
la ville de Popayan et la conquête des chefs indiens établis sur une partie des Cordillères occi-
dentales et centrales.

J'installai mes instruments dans une pièce de

l'archevêché. Je commençai par déterminer l'inclinaison de l'aiguille aimantée. Le 15 juillet 1831, à midi, je la trouvai de 16° 32.

Je passais ma vie très agréablement. Chaque soir. une tertullia. Mon nègre restait en permanence dans mon domicile parce que je savais combien les voleurs étaient audacieux à Quito. J'aurai plus tard l'occasion d'en parler.

Après un repos bien suffisant, je me décidai à entreprendre une expédition au Pichincha. De Humboldt avait déjà visité ce volcan et, après moi, MM. Visse et Moreno parvinrent dans le cratère.

J'avais pour compagnons deux hommes avec lesquels je me suis lié durant mon séjour à l'Équateur, le colonel Hall et le D' Jameson, deux originaux fort instruits.

Un mot sur mes deux amis.

Hall entra colonel d'état-major au service de la Colombie. Il était âgé d'une quarantaine d'années, petit, vif, la figure de Socrate, spirituelle, avec quelque chose de sardonique. Il avait appartenu à l'armée anglaise et fait la guerre d'Espagne en qualité de cornette. Il avait été blessé grièvement d'un coup de sabre que lui avait détaché un dragon français. C'était un original au premier chef. Il était marié avec une femme qu'il avait quittée pour incompatibilité d'humeur, mais avec laquelle il conservait de bonnes relations : leur correspondance assez active en témoignait; il était de ces gens comme il y en a tant, qui aiment à distance : un amour platonique. Le colonel avait en outre un amour physique à Quito; je m'en aperçus, et il s'en expliqua avec moi, un jour que je lui demandai pourquoi c'était toujours le vendredi qu'il apparaissait à l'archevêché pour y rester depuis le matin jusqu'au soir. Sa réponse fut sincère et réjouissante.

« Vous savez, me dit-il, que je demeure dans une maison, à la base du Pichincha, dans le faubourg. Or, je vis là avec la jolie métisse que vous connaissez : c'est elle qui tient mon ménage. Anna est la femme d'un cordonnier, très brave homme, très dévot, qui a consenti à me louer son épouse légitime à la condition qu'un jour par semaine il vivrait près d'elle et que, ce jour-là, je sortirais de chez moi pour n'y rentrer que le soir, après la Oracion. On adopta le vendredi. »

Il y avait trois ans que la convention était en vigueur, à la grande satisfaction des parties.

Hall quitta le service actif colombien pour se faire journaliste « de l'opposition ».

Paez l'avait expulsé de Venezuela et il transporta son imprimerie à l'Équateur.

Je lui fis remarquer qu'il était bien imprudent d'attaquer les actes du gouvernement.

— Mais, répondit-il, la liberté de la presse existe ; on ne peut réellement pas empêcher un journaliste d'écrire.

A cela je répondis :

— Si, on peut l'empêcher d'écrire.

— Comment?

— En le faisant assassiner.

J'avoue qu'en prononçant ces paroles, j'étais bien loin de prévoir que ma prédiction dût se réaliser. Pauvre et excellent Hall !

Quant au docteur Jameson, c'était un type ne vivant que pour les plantes, un ardent collectionneur, agent de la Société botanique de Londres. J'ai eu de lui un herbier presque complet des végétaux du plateau de Quito, que j'ai envoyé à Berlin, par l'intermédiaire de Humboldt.

Jameson parlait peu, répondant aux questions

qu'on lui adressait de la façon la plus laconique. Il a fait parvenir en Europe de véritables trésors, un grand nombre de plantes jusqu'alors inconnues; il vivait en plein air, couchant où la nuit le surprenait.

Une fois, Hall le recommanda à une famille de Latacunga; il arrive le jour, frappe à la porte; on ne lui répond pas; il se couche sur le palier, où le matin on le trouve profondément endormi. Une jeune femme l'assura qu'il l'avait demandée en mariage; il l'épousa et vécut avec elle, sans perdre son indépendance. Il est, je crois, encore à Quito. J'ajouterai qu'il s'était tellement attaché à Hall, qu'il le quittait le moins possible. Par la singularité de son existence, par son mutisme, il passait aux yeux du monde pour un fou, un *loco*.

ASCENSION AU VOLCAN DE PICHINCHA

Les pics les plus élevés au milieu desquels est placé le volcan portent le nom de Rucu Pichincha (Pichincha-le-Vieux); leurs cimes sont presque constamment couvertes de neige; l'altitude du point le plus élevé serait, d'après Cal-

das, de 4736 m. Un peu à l'Est du Rucu, on remarque le pic nommé le Guagua Pichincha (Pichincha le Jeune). C'est sur la pente du volcan
que se donna le fameux combat de Pichincha, à
une altitude de près de 4000 m. C'était peut-
être alors la première fois qu'on se battait à une
aussi grande élévation.

Le 16 juillet, à 10 heures, nous montâmes à
l'Ouest, par un chemin très incliné, jusqu'à une
grande croix de pierre qu'on aperçoit de tous les
quartiers de Quito ; puis, en suivant une pente
douce, nous atteignîmes la base d'une bande de
rochers dont le plus saillant est le Guagua Pichincha. Nous marchions lentement, nous arrêtant de temps en temps pour attendre les indiens porteurs de nos bagages et provisions, et
qu'il était prudent de surveiller. À peine avions-
nous dépassé le Guagua, qu'il tomba une grêle
si abondante que tout le terrain en fut couvert :
heureusement, c'était une grêle sèche, sans
pluie, sans tonnerre, une de ces *nevadas* si
communes dans ces hautes régions, de sorte
qu'elle ne fut pas incommode : nous ne fûmes
pas mouillés.

À 5 heures du soir, après 7 heures d'une

montée continue, nous fîmes halte au *machai*
de San Diego, à la base d'une énorme masse de
trachyte présentant une excavation. *Machai*, en
langue quichua, désigne ces sortes d'abris où
l'on peut camper, se réfugier, lorsqu'on est
surpris par un temporal.

Nos indiens ayant apporté du bois, on alluma
du feu, les provisions étaient excellentes : c'était
Catita de Valdiviesso qui les avait données avec
ses indiens. Après un bon souper, on étendit
les couvertures et, à 9 heures du soir, à la suite
d'une causerie intéressante, nous nous couchâmes en dehors du machai, ayant au-dessus
de nous un ciel magnifique rempli d'étoiles si
brillantes, qu'elles éclairaient le bivouac.

Le 17, au lever du soleil, qui était splendide,
le thermomètre marquait $0°,6$, l'herbe était couverte de givre et, dans les cavités du sol, l'eau
était congelée.

La roche du machai était un trachyte à pâte
fine, grise, avec de nombreux cristaux de feldspath blanc, semi-vitreux, et quelques cristaux
de pyroxène.

Après avoir traversé un petit ruisseau, nous
gravîmes une pente qui nous conduisit sur une

arête de trachyte à feldspath vitreux. En descendant du côté opposé, nous aperçûmes l'arsenal, où nous étions à 8 heures. Là nous mîmes pied à terre pour nous élever vers le volcan. La montée fut des plus pénibles, parce que nous marchions sur un amas de fragments de trachyte, ayant l'aspect de la pierre ponce et sur lesquels on glissait aisément, tant le terrain était mobile. A 8 h. 1/2, nous avions atteint une embrasure pratiquée dans un mur de rocher. Du point où nous étions parvenus, nous apercevions le volcan de Rucu-Pichincha, au fond d'une sorte de puits d'un très grand diamètre, 15 à 1600 mètres, évalués à l'œil. A environ une profondeur de 400 mètres au-dessous de la station que nous occupions, nous voyions une zone d'où se dégageaient des vapeurs répandant une odeur de gaz acide sulfureux indiquant la combustion du soufre. De l'embrasure, vers les bouches volcaniques, les débris de trachyte, de ponce formaient un talus qu'il eût été dangereux d'aborder, à cause de l'extrême mobilité du sol. Je l'essayai néanmoins, mais, descendu de 15 ou 20 mètres, je reconnus que le terrain fuyait sous mes pieds et que je serais arrivé à

l'ouverture ignée plus vite que je n'aurais voulu.
Hall et Jameson me supplièrent de renoncer à
mon ascension; il m'était même impossible de
remonter; à peine m'étais-je élevé d'un mètre
que je fus entraîné avec les débris fuyant sous
mes pieds; enfin, Hall me lança une corde que
j'eus le bonheur de saisir; alors tout danger
disparut : il était temps, car il monta un tel
brouillard que je me trouvai dans l'obscurité.
Au reste, l'expédition avait eu ce résultat de
pouvoir affirmer que le Pichincha était en activité tout autant peut-être que le volcan de
Pasto, mais moins que celui du Cumbal.

Pour arriver aux bouches du Pichincha, il
aurait fallu évidemment suivre, en le remontant, le ruisseau par lequel sortent les eaux plu-
viales que reçoivent les terrains où sont placés
les cratères.

L'enceinte est limitée par des murs de trachyte
très élevés, paraissant coupés à pic et dont j'ai
parcouru les sommets, pour reconnaître la constitution, que j'ai trouvée, au reste, peu différente de celle que présente la roche du machai.
Les cristaux de pyroxène y sont plus nombreux,
si nombreux et disposés par bancs avec une

telle symétrie que la roche prend l'aspect ru-
banné. Dans les blocs de roches isolées, épars
sur l'arénal, on reconnaît le trachyte et, en
approchant du Mirador, d'où l'on aperçoit le
phénomène volcanique, ce sont de véritables
morceaux de pierre ponce ayant souvent des
dimensions assez réduites pour constituer ce
gravier mobile sur lequel il est si difficile de
marcher. Il n'est pas possible d'indiquer l'origine de ces trachytes ponceux qu'on ne voit
nulle part en place. Ces fragments ont-ils été
laissés en place par le volcan ?

Pour jouir de la vue des cratères, il faut, ainsi
que nous l'avons fait, être de bon matin au
Mirador (belvédère) ; car, le plus souvent, peu de
temps après le lever du soleil, la grande cavité
où le soufre brûle est remplie d'un épais brouillard, ce qui est arrivé lorsque je fus repêché
par Hall. Au delà du Mirador, ce brouillard disparaît comme s'il était dissous dans l'air.

Voici comment j'explique le phénomène.

Le vent soufflait de l'Est. C'est généralement
le cas sur les montagnes élevées de l'Équateur,
quand il fait beau ; l'air rasait rapidement la
crête des roches où nous nous trouvions ; ce

vent froid, se trouvant en contact avec l'air chargé d'humidité s'élevant des cratères, déterminait aussitôt une précipitation de la vapeur, une formation de brouillard que le courant entraînait à l'ouest. On aurait pu croire que c'était de l'arête du trachyte que sortaient les vapeurs ; mais, aussitôt que le vent de l'Est cessait, le brouillard n'apparaissait plus, et alors on voyait très distinctement le foyer de la combustion du soufre.

Ayant ouvert le baromètre sur le Mirador à 10 heures, je trouvai : alt. 4800 m., temp. 5°.

En prenant, pour la profondeur où est placé le cratère au-dessus du Mirador, 400 mètres, on aurait pour l'altitude du cratère 4 400 mètres, soit 1 480 au-dessus de la plaza mayor de Quito ; mais ces nombres ne sont qu'approximatifs.

Il y avait un siècle environ, en juin 1742, que La Condamine avait fait, avec Bouguer, une ascension au Pichincha dans l'espoir de voir le volcan, ce *Vésuve de Quito*. Ce fut une entreprise malheureuse qui eut toutefois son côté plaisant.

Leur première tentative eut lieu le 12 juin. On partit de la ville à 2 heures de l'après-midi.

Un peu avant le coucher du soleil, les deux académiciens arrivaient au plus haut point de la
montagne que l'on puisse atteindre à cheval.
C'était évidemment dans la proximité de San
Diégo. Il était tombé une si grande quantité de
neige les nuits précédentes qu'on ne voyait
plus trace de sentier. Les guides, désorientés,
s'enfuirent pendant que La Condamine avait
mis pied à terre pour reconnaître l'épaisseur
de la neige accumulée dans un ravin qu'il
s'agissait de traverser afin d'atteindre la tente
dressée pour les observations et dans laquelle
se trouvait Bouguer. La mule était gardée par
un jeune indien. Il s'agissait de regagner une
hacienda située beaucoup plus bas. La nuit surprit La Condamine. A 8 heures, il jugea convenable de prendre les devants pour aller chercher du secours ; mais le brouillard devint si
épais qu'il lui fut impossible de se diriger.
Il s'engagea sur un marécage dans lequel il
tombait à chaque pas. Il était minuit, et cette
triste situation devait durer encore 6 heures.
Une éclaircie ayant permis à notre voyageur
d'apercevoir la croix de pierre, il fit des efforts
inouïs pour y parvenir, espérant que, de ce

point, il lui serait plus facile de s'orienter. Le brouillard redoublait. Lorsqu'il eut atteint la zone où il cessait de neiger, il commença à pleuvoir. Il put enfin arriver à la croix. Mais les ténèbres avaient augmenté depuis le coucher de la lune; craignant de se perdre, il s'arrêta au milieu d'un tas d'herbes foulées, gîte de quelques bêtes fauves. Il était dans un état indescriptible, sans vivres, sans vêtements secs et complètement mouillé. Je laisse parler l'académicien :

« Je m'accroupis, enveloppé dans mon manteau, le bras passé dans la bride de ma mule pour la laisser paître plus librement; je lui ôtai son mors et je fis des rênes une espèce de licol que j'allongeai avec mon mouchoir. C'est ainsi que je passai la nuit, tout le corps mouillé et les pieds dans la neige fondue; en vain je les agitai pour leur procurer quelque chaleur par le mouvement. Vers 4 heures du matin, je ne les sentis absolument plus, je crus les avoir gelés, et je suis encore convaincu que je n'aurais pas échappé à ce danger, difficile à prévoir sur un volcan, si je ne m'étais avisé d'un expédient qui me réussit: je les réchauffai par un bain

naturel que je laisse à deviner au lecteur. Le
froid augmenta vers la pointe du jour ; à la première lueur du crépuscule, je crus ma mule
pétrifiée. Enfin, vers 7 heures, tout hérissé de
frimas, je pus descendre à la ferme. L'économe
était absent ; sa femme, effrayée à mon aspect,
prit la fuite. »

La Condamine fit allumer du feu, ses gens,
qui l'avaient abandonné, le rejoignirent, aussi
secs qu'il était mouillé. Dès qu'ils avaient vu le
brouillard, ils avaient fait halte, s'étaient mis à
couvert, avaient soupé à discrétion avec ses
provisions et s'étaient couchés sur son matelas.

C'était partie manquée. La Condamine redes-
cendit à Quito, d'où il repartit le lendemain à
7 heures du matin. Après une marche pénible,
il rejoignit enfin Bouguer, qui l'attendait depuis
deux jours.

Ce fut le 17 juin que les deux académiciens,
après des peines infinies, atteignirent le sommet
d'un rocher d'où ils virent, *à leur aise*, la bouche
du volcan, une ouverture arrondie en demi-
cercle du côté de l'Orient (La Condamine en
estima le diamètre à 8 ou 900 toises), et bordée
de roches escarpées dont les sommets étaient

couverts de neige. Ce vaste gouffre était séparé en deux comme par une muraille ; on ne distinguait pas de fumée.

Un vent glacial, qui leur gelait les pieds et les mains, leur coupait le visage, obligea les académiciens à regagner leur tente. Après avoir assisté à une éruption du Cotopaxi, ils revinrent à Quito le 22 juin.

Ce qu'il y a de curieux, c'est que, lors de l'ascension de Bouguer et La Condamine, les abords du Pichincha étaient sous la neige, tandis qu'en juillet 1831, ils en étaient exempts. Ils remarquèrent sur cette neige les pistes de certains animaux, notamment de lions. Je rappellerai que lorsque je bivouaquais à la base du Tolima, je fus importuné pendant toute une nuit par les rugissements des tigres.

Bouguer et La Condamine, de Humboldt et moi nous étions parvenus sur les sommets du Pichincha et nous avions pu constater la présence du feu dans le gouffre que nous dominions. C'est à MM. Visse et Garcia Moreno que l'on doit une description complète du volcan dont ils ont abordé les cratères dans des excursions faites en janvier 1845 et août 1846. Je résumerai ici le rapport que j'ai fait à l'Académie des sciences sur le mémoire que lui adressèrent les intrépides explorateurs ; mais, avant tout, je tiens à les faire connaître. L'un, Garcia Moreno, a été mon élève ; tous deux ont été mes amis et sont morts prématurément.

Garcia Moreno était né à Quito. Il vint en France pour étudier les sciences. De retour dans sa patrie, il entra dans la vie politique et devint président ou plutôt directeur de la République de l'Équateur. Après avoir pacifié le pays, fait disparaître le militarisme, il maintint l'ordre durant quinze ans et fut assassiné par une bande de démagogues sur les marches de l'Alto Santo, un jour qu'il sortait de la cathédrale. Garcia avait fait revenir les Jésuites à Quito. C'était un clérical déterminé et convaincu. Depuis sa mort, on n'a pu gouverner l'Équateur.

C'était un homme d'une volonté de fer, et l'on s'étonne que, n'appartenant pas à l'armée, il ait pu dompter toutes ces ambitions malsaines de chefs militaires ayant joui jusque-là d'une grande influence. Au reste, la population de Quito avait conservé le souvenir des Pères de la

Compagnie de Jésus. J'ai lu, dans la salle des séances du Congrès, en énormes caractères tracés sur le mur : « Honneur aux Jésuites ! » Aussi, à leur retour, ils furent vivement acclamés, et c'est avec bonheur que l'on vit Garcia les placer à la tête de l'enseignement.

Quant à Visse, les commencements de sa carrière furent extrêmement pénibles. D'une famille pauvre de Pont-à-Mousson, il se présenta comme remplaçant dans l'armée pour secourir sa mère, alors dans une grande misère. Incorporé dans l'artillerie, bien doué, ayant reçu une bonne instruction primaire, il put suivre avec succès l'école régimentaire et fut nommé promptement sergent-major. Estimé de ses chefs, trois fois il fut proposé pour le grade d'officier par les inspecteurs généraux, il échoua toujours devant le préjugé qu'il était entré dans les rangs comme remplaçant ; on ne tint aucun compte de son dévouement à sa mère : il avait été remplaçant, il s'était vendu.

Son engagement expiré, Visse quitta le service et, après avoir travaillé dans le laboratoire du Collège de France, il entra comme conducteur dans les Ponts et Chaussées. Il occupait ces fonctions lorsque Regnault le proposa à Moreno, alors président de l'Équateur, qui s'était adressé en France pour avoir un ingénieur instruit.

Visse emmena sa famille à Quito, où il vécut quelques années dans une heureuse situation. Faisant de la science, il fit parvenir au Muséum une belle collection géologique du nouveau pays qu'il habitait et adressa à Regnault des échantillons d'air atmosphérique puisé sur les Cordillères, dont l'illustre physicien fit l'analyse par les procédés les plus précis.

C'est au milieu de ces travaux, au moment où il jouissait d'une honorabilité justement acquise et en menant une vie très active, que Visse fut frappé d'une congestion cérébrale à laquelle il ne survécut que peu de temps. Ses dernières pensées furent pour moi, en reconnaissance des légers services que j'avais été à même de lui rendre. Ainsi il ne fut tranquille que lorsqu'il se fut procuré, dans les ruisseaux qui descendent du Cotopaxi, les petits poissons, les prenadillos (*Pimelodes cyclopum*) que Humboldt a décrits.

C'était une promesse qu'il m'avait faite alors

qu'un jour, à Paris, je lui racontais comment j'avais perdu des échantillons semblables que je me disposais à rapporter en Europe. J'en avais mis bon nombre dans un flacon avec du rhum. En traversant les forêts du Choco, un indien, chargé du bocal, ne put résister à l'envie de boire le rhum ; puis — c'est sa déclaration — ayant goûté un des poissons, il le trouva si délicieux qu'il finit par les manger tous. L'indien avait peut-être raison : les poissons à l'eau-de-vie pourraient bien constituer un aliment très délicat, les Japonais sont moins difficiles, puisqu'ils mangent les poissons crus. En attendant, grâce au bon souvenir de Visse, j'ai rendu fort heureux les naturalistes de Stockholm et de Christiana en leur faisant parvenir des spécimens de preñadillos.

Le 14 janvier 1845, à 3 heures du soir, Visse et Moreno allèrent coucher dans une petite baraque, à Sloa, au pied du Pichincha ; on arriva à 7 heures et demie. Le 15, on partit de Sloa à 7 heures du matin ; on mit pied à terre à la limite de la végétation pour gravir une pente raide recouverte d'une ponce menue ; les voyageurs parvinrent à 11 heures et demie au point le plus élevé ; malheureusement, le brouillard les empêcha de voir le fond du cratère. Ils se trouvaient à une hauteur absolue de 4 775 mètres ; l'eau bouillait à 85°,16 ; la température de l'air étant 8°,1. L'altitude était à peu de chose près celle que j'avais enregistrée au Mirador.

Le brouillard s'étant dissipé, Visse et Moreno aperçurent nettement le mur de roches dirigé du N.-N.-E., au S.-S.-O., séparant le gouffre en deux parties. Il était midi quand Visse descendit par le terrain mouvant jusqu'au cratère oriental auquel il trouva une altitude absolue de 4 447 mètres, c'est-à-dire inférieure de 328 mètres à celle du pic sur lequel on avait fait bouillir de l'eau. On franchit la muraille qui sépare les deux cratères en passant par le point de plus facile accès. A cet endroit, l'altitude n'excède pas 4 597 mètres ; c'est alors qu'on commença à sentir l'odeur de l'acide sulfureux. On descendit ensuite dans le cratère occidental dont le sol aurait 4 172 mètres de hauteur absolue, soit 275 mètres de moins que la hauteur du sol du cratère oriental. Une fois sur l'arête de la séparation des cratères, on voit, dans l'occidental, un monticule, un cône d'où sortent de nombreuses fumerolles ; son sommet a une altitude absolue de 4322 mètres, soit une hauteur de 150 mètres au-dessus du fond.

La pluie tombait dru, mêlée à de la grêle : les ravins étaient devenus des torrents ; de toutes parts, il apparaissait des cascades entraînant des blocs de rochers ; la situation était périlleuse ; aussi nos voyageurs durent prendre le parti de regagner le pic sur lequel ils avaient fait bouillir de l'eau ; ils y arrivèrent à 7 heures du soir ; les indiens et les mules avaient disparu ; on erra dans l'obscurité jusqu'à ce qu'on eût rencontré une cabane où l'on pût passer la nuit près du feu.

Le lendemain, les explorateurs retournerent à Quito, en se promettant de faire une autre excursion avant l'époque des pluies.

Ce ne fut que l'année suivante, en 1846, qu'ils purent exécuter leur projet.

Le 11 août, Visse et Moreno allèrent coucher au Corral (alt., 3 693 m.) Le 12, ils parvinrent à cheval jusqu'à l'Arenal, puis ils eurent à gravir, sur un sol mouvant de pierre ponce, une pente de 25 à 35° ; ils mirent une heure et demie pour s'élever de 470 mètres et atteindre l'arête du cratère, où ils commencèrent la levée du plan, et retournèrent le soir au Corral.

Le 13, on arriva à cheval jusqu'au sommet du pic, puis, chargés des instruments, on descendit dans le cratère oriental ; un indien portait les vivres, du vin et de la glace. A 2 heures et demie on était arrivé à destination, après s'être abaissé de 320 mètres. Le fond du cratère oriental n'était qu'un ravin à sec qui passe à l'état de torrent quand il vient à pleuvoir. On établit le bivouac au pied d'un rocher d'une altitude de 4 403 mètres. La nuit, la température de l'air fut de — 2°.

Le 14, on employa tout le jour à lever le cours du torrent ; le 15, on remonta son lit sec jusqu'à l'altitude de 4 547 mètres. C'est le point le moins élevé de la digue qui sépare les deux cratères. C'est par là que les explorateurs descendirent dans la partie occidentale du volcan. Ce cratère à peu près circulaire, d'un diamètre approchant de 450 mètres, a l'apparence d'un entonnoir ; il a ses parois inclinées de 50 à 70°. Au fond coulent deux torrents qui se joignent vers l'Ouest pour sortir par une ouverture. A l'extrémité occidentale s'élève un monticule, un cône dont le point culminant a une altitude absolue de 4178 mètres, soit une hauteur de 80 mètres au-dessus du fond. Ce monticule est entouré par les deux torrents, de sorte que, lorsqu'il tombe une forte pluie, il apparaît comme une presqu'île. Dans cet abîme, on est tout étonné de rencontrer, à l'Est du cône, de la terre végétale, couverte de végétaux, de joncs et, surtout, une plante vigoureuse, l'achupalla des Gquechhua, de la famille des Bromeliacées, ressemblant à l'ananas. Toutes les bouches volcaniques actives ou éteintes sont situées dans la protubérance que Visse a désignée, je crois, improprement, sous le nom de cône d'éruption. Ces bouches, ou plutôt ces évents, sont groupés en cercle d'environ 25 mètres de diamètre. En arrivant vers la partie supérieure du cône, on voit le groupe d'évents le plus considérable dans un entonnoir de 80 mètres de diamètre et de 20 mètres de profondeur, présentant l'indice des plus effrayants bouleversements : des quartiers de roc ayant jusqu'à 4 mètres dans leurs trois dimensions, amoncelés pêle-mêle et d'où sortent, entre leurs jonctions, d'abondants jets de vapeur. Visse en a compté 70 entraînant du gaz acide sulfureux et du gaz sulfhydrique ; je crois qu'on doit ajouter du gaz acide carbonique et de la vapeur aqueuse, que mon ami ne signale pas parce qu'il n'avait pas à sa disposition de moyen d'analyse autre que l'odorat. Les vapeurs, en sortant de certains évents, produisent des sifflements comparables à ceux provenant des échappements des soupapes de locomotives. La surface des roches en contact avec les gaz émis par le foyer volcanique était tapissée de cristaux aciculaires de soufre ou recouverte de soufre concrétionné ou fondu en une sorte de scorie, de coulée verte déposée en plaques semi-vitreuses de deux centimètres d'épaisseur.

Visse et Moreno sortirent du cratère occidental à 3 heures de l'après-midi, par un tel brouillard qu'il leur fut impossible de reconnaître le chemin qu'ils avaient suivi dans la matinée ; pour comble de malheur, il commença à tomber une pluie qui dura le reste de la journée et toute la nuit. En gravissant un ravin, Moreno courut le plus grand danger : un coup de tonnerre épouvantable retentit sur les hauteurs et aussitôt des fragments de roche passèrent comme des projectiles avec des sifflements horribles, à 2 mètres de sa tête ; il aurait pu être emporté par cette avalanche d'une espèce nouvelle que la foudre avait détachée du sommet de la montagne. Je rappellerai ici que, sur la pente du Tolima, Goudot et moi nous courûmes un danger analogue, et, pendant 10 minutes, nous eûmes à franchir un espace exposé aux projectiles que semblait lancer la neige du volcan.

A 5 heures du soir, Visse et Moreno étaient dans le cratère oriental, ayant pour souper des morceaux de glace. La pluie ne leur permit pas de se coucher ; ils passèrent la nuit accroupis auprès d'un rocher, la tête entre les genoux, à la manière des indiens.

Le 16, ils se remirent en route au point du jour, atteignirent à 9 heures le sommet du volcan ; ils étaient de retour à Quito dans la soirée.

Il résulterait des opérations faites par Visse que le diamètre total et supérieur des deux cratères est de 1500 mètres et celui du fond du cratère de 700 mètres. Les parois gigantesques du volcan, noircies par le temps, la faible lumière que reçoit le fond d'un gouffre où les rayons du soleil ne pénètrent que depuis 9 heures du matin jusqu'à 3 heures du soir, les vapeurs émises d'une profondeur de 750 mètres donnent au Pichincha un aspect sinistre caractéristique. Un volcan au fond d'un puits!

La ponce en fragments, les cendres, en raison de leur légèreté, peuvent être lancées au-dessus de l'enceinte trachytique et entraînées à de grandes distances; quant aux blocs de rocher, en admettant qu'ils atteignent une grande hauteur lors des éruptions, ils retombent vers les parois d'émission, où ils s'amoncellent.

Dans cette description si intéressante du Pichincha, je remarque qu'il n'a pas été fait mention d'incandescence. Des évents se dégage une vapeur surchauffée déterminant la combustion du soufre qu'elle entraîne, puisqu'il y a formation d'acide sulfureux; mais la combustion a lieu à l'intérieur; en un mot, la vapeur du soufre brûlerait en dedans, pour employer l'expression usitée dans les laboratoires pour indiquer quand, dans un bec, le gaz d'éclairage brûle sans lumière apparente à la partie supérieure. Ainsi les derniers explorateurs n'ont pas signalé ces lumignons errants comme des feux follets signalés par Humboldt, ni les flammes que Hall et moi nous distinguions nettement, du haut du Mirador, dans le cratère occidental. C'est ainsi qu'au volcan de Pasto, je n'ai observé aucun phénomène igné, bien que la vapeur des évents fût assez chaude pour fondre l'étain, mais non le plomb. Le Pichincha n'est pas sans analogie avec l'Azufral de Tuquerez par la production du soufre et des gaz, sans qu'il y ait apparence de feu. Le seul volcan vraiment incandescent qu'il m'ait été donné d'observer est celui de Cumbal. Au reste, les volcans ont leur état de repos et leur paroxysme.

Les eaux que reçoit le Pichincha s'écoulent au Nord-Ouest. Elles entrent dans le Yana Yacu (rivière du Feu), dans le Nambillo, qui se réunissent dans le rio Blanco, un des affluents du rio Guallabamba, se jetant, comme je l'ai dit, dans la mer du Sud.

Visse m'a fait parvenir, avec la description de ses deux explorations du Pichincha, des vues des cratères prises des diverses stations et une carte très détaillée des environs de Quito contenant des cotes d'altitude nombreuses permettant de se former une idée précise de la topographie de ce terrain volcanique.

Pour la route de Guallabamba à Quito, je

trouve, comme altitude du village de Guallabamba, 2 140 mètres. En dehors de celle-ci, les
altitudes de l'esplanade sont les suivantes :

        2 796   Chinguillina.
        2 797   Ina Quito.
        2 821   La Carolina.

On peut dire que Quito est à la base du Rucu-
Pichincha, la distance en ligne droite ne dépassant pas 10 700 mètres. C'est ce qui explique
la fréquence des tremblements de terre dans
cette ville et aussi, lorsqu'on connaît la singulière conformation du volcan, la rareté d'éruptions ayant occasionné de grands désastres.
Peut-être, et quoi qu'en dise la chronique, n'y
a-t-il jamais eu d'éruptions volcaniques autres
que des pluies de ponce et de cendres.

Humboldt dit que, pour le nouveau continent,
il est difficile de remonter plus haut que la découverte et la conquête espagnole lorsqu'il s'agit
de discuter la véracité des phénomènes dont on a
conservé le souvenir et la date en raison de
l'effroi qu'ils ont causé. Ces dates sont certaines
quand les événements ont eu lieu sous le règne
des souverains de la dynastie des Incas. En ce

qui concerne le Pichincha, on cite des éruptions
de 1534 à 1660.

La première, constatée par le conquistador
mexicain Pedro de Alvaredo, qui commit cet
acte de témérité de gravir, à la tête de 230 cava-
liers, du port de Pueblo Viejo, sur la mer du
Sud, jusqu'au plateau de Quito, à travers
d'épaisses forêts ; il arriva à Riobamba, après
avoir perdu la plus grande partie de son escorte,
hommes et chevaux. Les Espagnols furent
effrayés par une pluie de cendres aveuglant les
soldats et qui sortait du sommet de la montagne
en effervescence. Pendant plusieurs jours, l'air
fut rempli de poussières que vomissaient des
flammes avec accompagnement de tonnerre
souterrain. Après toutes les souffrances causées
par la faim, le froid, pour parvenir rapidement
sur le plateau de Quito, don Pedro Alvaredo, que
les Mexicains appelaient le Fils du Soleil, à
cause de ses cheveux blonds, éprouva un douloureux saisissement en reconnaissant sur un
terrain sablonneux des empreintes de fer à
cheval ; il perdit l'espoir d'arriver le premier
pour mettre la main sur les trésors de Quito.
D'autres aventuriers de la suite de Belalcazar

avaient déjà poussé une battue autour des montagnes neigeuses.

Le 17 octobre 1566, le Pichincha vomit une pluie de cendres qui dura 24 heures, recouvrit toutes les prairies de la province ; un mois après, le 17 octobre, les cendres tombèrent avec encore plus d'abondance. Les indiens, pour échapper à cette calamité, se réfugiaient sur les montagnes. Durant tout le xvie siècle, les Andes du Chili, de Quito, le Guatemala furent dans un état effrayant d'irritation volcanique.

Il est question du Pichincha dans deux biographies très rares consacrées par deux Jésuites, Jacinto Moran de Butron et Thomas de Gijon, aux œuvres miraculeuses de Beata Mariana de Jésus, dont le nom mystique était Azucena, le lys de Quito, mais elles ne contiennent de détails que sur l'éruption de 1660.

« Depuis l'effroyable scène de 1580, dit Butron, le volcan était au repos ; mais, le 27 octobre 1660, entre 7 et 8 heures du matin, la ville de Quito fut dans le plus grand péril, au milieu de nombreux craquements semblables à des coups de tonnerre. Des quartiers de roche, des flots de résine et de soufre descendaient dans la mer le long du Rucu-Pichincha. Des flammes s'élevaient au-dessus du cratère mais la pluie de cendres (*lluvia de tierra*) qui tombait à Quito et la situation même de la ville ne permettaient pas de les apercevoir. Il n'arrivait dans la ville que de la cendre et des *rapilli* (*cascajo*), gravier ; le sol des rues se soulevait et s'abaissait comme les flots de la mer ; les animaux et les hommes avaient peine à se tenir sur leurs pieds. Ces éruptions durèrent sans interruption 8 à 9 heures. En même temps, la pluie de cendres jetait la ville dans une obscurité profonde. On courait dans les rues avec des lanternes ; mais les lumières brûlaient difficilement et n'éclairaient que les objets voisins. Les oiseaux, suffoqués par l'air épais et noir, tombaient morts sur le sol (Humboldt, *2ᵉ Mémoire sur les volcans du plateau de Quito*).

Dans ce tableau, un peu coloré peut-être, l'indice de l'éruption fut uniquement la pluie de cendres qui s'abattit sur la ville. Ce qu'il y eut de menaçant pour les habitants, ce fut un épouvantable tremblement de terre ; car ils n'eurent pas conscience de ce qui se passait au fond du gouffre où sont situées les bouches volcaniques. Les produits de l'éruption, blocs de rochers, boues sulfureuses, furent entraînés par les torrents dont les eaux se dirigeaient vers la mer du Sud.

Quito est à la base d'un volcan, comme on l'a dit précédemment, mais ce qui fait sa sécurité, c'est la situation des cratères placés à une grande profondeur, dans une enceinte circulaire de rochers. Aussi ne voit-on nulle part, aux alentours de la ville, des vestiges d'éruption, si ce n'est quelques dépôts de fragments de ponce.

Cette sécurité, d'autres cités ne l'ont pas; ainsi lorsque le volcan est près du sommet d'une montagne, les éruptions boueuses descendent vers la base en ravageant le pays qu'elles atteignent. Par exemple, les environs de Popayan ont été détruits par des masses de boues sulfureuses sorties du Puracé. A une époque plus ancienne, la vallée de la Magdalena a eu, sur plusieurs points, à souffrir de torrents de boues, de neiges fondues descendues des volcans de Tolima et de Ruys. Dans les cataclysmes attribués aux feux souterrains, le sol est généralement agité; et, dans les désastres auxquels on assiste, on ne distingue pas toujours les effets occasionnés par l'épanchement des matières volcaniques de ceux résultant des trépidations du sol, des tremblements de terre.

Le Pichincha serait, d'après Ulloa, à 25 lieues des côtes de la mer du Sud. Quito est bâti entre deux plaines : au Nord, celle de Mà-Quito ; au Sud, celle de Turubamba. Ce sont de vastes prairies, des résidences d'agrément d'une longueur de 2 à 3 lieues. Près de la ville, les deux steppes se rétrécissent. C'est près de la protubérance du panecillo qu'a lieu la jonction.

La province de l'Équateur s'étend sur cette plaine des Andes, tantôt en suivant une ligne unique, tantôt sur 3 rangées parallèles, rattachées par d'étroits chaînons formant des bassins d'une altitude moyenne de 2 600 mètres, mais dominés par des montagnes d'une telle élévation qu'elles offrent le curieux spectacle de sommets couverts de neige, associés aux feux des volcans.

Considéré dans son ensemble, l'État équatorial commence au Nord de Popayan et s'étend au Sud jusqu'à Piura, présentant cette zone volcanique dont l'existence est signalée par le Puracé, le Pasto, le Tuquerez, le Tungaragua, le Pichincha, l'Antisana, le Cotopaxi, le Sangay, ligne de feu interceptée par le Cayambo et le Chimborazo.

La race indienne domine dans toute la contrée. A Quito, on l'évalue au tiers de la population; les métis à un autre tiers. Les Quichuas rappellent, par leur physionomie, les Muyscas de Bogota, teint cuivré, cheveux abondants, rudes, noirs, sans barbe, sans poil, nez petit, mince, se recourbant vers la lèvre supérieure. Le Quichua, comme le Muysca, est grave, paresseux, indifférent à toutes les commodités de la vie. Il fait travailler sa femme; elle file et tisse les vêtements.

Comme dans toute la Cordillère, l'habitation est une cabane dans laquelle il y a des vases de terre, quelques poules, un porc, des cochons d'Inde. La famille ne se déshabille presque jamais; elle dort accroupie sur des peaux de moutons.

A Quito, les indiens, particulièrement les métis, deviennent d'habiles ouvriers et même des artistes peintres, sculpteurs, doués d'une grande aptitude d'imitation.

Ce qui fait sortir le Quichua de sa torpeur habituelle, c'est un divertissement, une fête. Son penchant à l'ivrognerie est tel que c'est un triste spectacle que la fin d'une orgie. Tous tombent pêle-mêle, sans se soucier si l'un est auprès de la femme d'un autre ou de sa sœur, de sa fille; de manière qu'ils oublient tout. Les curés viennent ordinairement mettre fin au scandale en brisant les vases remplis de chicha. Au reste, le goût effréné de la danse se retrouve dans la population blanche au même degré que dans les castes inférieures. Les fandangos y sont plus fréquents, plus licencieux que partout ailleurs et accompagnés des postures les plus extravagantes.

La base de la nourriture des Quichuas est le maïs en galettes (*arepas*) ou transformé en *machea*, obtenu en le torréfiant, après l'avoir broyé. C'est d'ailleurs l'aliment de la race cuivrée. Je l'ai vu consommer par les indiens du Cauca durant le voyage. La machea est dans un petit sac de toile nommé, à Quito, *cicrito*. Ils en mettent successivement deux ou trois cuillerées dans la bouche et l'avalent après l'avoir gardé quelque temps. Ils boivent ensuite de l'eau ou de la chicha.

L'idiome des Incas, le quichua, est encore la langue des indiens, qui ne parlent pas l'espagnol quand ils vivent isolés, et qui ne le parlent qu'avec difficulté dans les villes. A Quito, les enfants des blancs ne comprennent que le quichua, par la raison que les nourrices, et généralement les domestiques, sont de race indienne.

Le christianisme — c'est l'opinion des missionnaires que j'ai consultés — n'a fait aucun progrès chez les Quichuas. Les cérémonies du culte ne leur déplaisent pas; ils aiment à danser dans les églises au son du tambourin, ainsi qu'on le leur permet dans les fêtes; coutume qui a été conservée presque partout dans les Cordillères. En ce qui concerne les pratiques religieuses, l'Indien ne s'y soumet que par la force. A la confession, il nie tous ses péchés, et le prêtre est forcé, pour le faire parler, de lui dire ce qu'il doit avoir fait, et il en résulte les quiproquos les moins chastes. Le néophyte apprend de son confesseur des choses qu'il aurait toujours dû ignorer. Toutes les peines qu'on se donne dans les missions pour catéchiser les jeunes indiens sont perdues. On ne réussit pas à leur faire apprendre les plus simples principes de la religion. Ce qu'ils savent, ce sont les traditions de la religion des Incas; un puissant Esprit, invisible, remplissant le monde et qu'on ne pouvait enfermer dans un temple, traditions vagues, affaiblies par le temps. Ce qu'il y a de plus certain, c'est l'indifférence, le mépris peut-être, du Quichua pour l'Église chrétienne. Les moines font tout ce qu'ils peuvent pour inculquer la doctrine, travail pénible lorsqu'il s'agit d'instruire par la parole. Dans les campagnes, chaque curé a un indien aveugle, dont la fonction consiste à répéter sans cesse la doctrine; il est placé au milieu de l'école où, sur un ton compris entre la prière et le cantique, il récite mot à mot les oraciones que l'auditoire répète. Ulloa, en consignant ce fait dans un rapport au gouvernement espagnol, ajoute qu'avec ce système d'instruction, les Indiens de 60 ans ne connaissent pas plus la religion que les jeunes enfants.

Les mariages des Quichuas ont lieu comme ceux des Muyscas de Bogota. L'indien vit pendant quelques mois en concubinage avec sa fiancée; s'ils se conviennent, le curé les marie, sinon, ils se séparent pour faire un nouvel essai.

L'indien est voleur, le Quichua est surtout un

habile fripon; il enlèvera, le soir, le chapeau
d'un passant. Il vole aussi à l'église, en montrant, à l'ouverture antérieure de son puncho,
une paire de mains jointes, en cire, pendant
qu'il dérobera son voisin. L'adresse du Quichua
est grande lorsqu'il s'agit de voler. Ainsi il
arriva que le colonel Hall et moi, étant assis à
la porte d'un pré clos, où l'on mettait les bêtes
au vert (*potrero*), nous vîmes passer deux
indiens conduisant une magnifique mule
blanche, ressemblant par sa taille, par son
allure, à la mule noire que j'avais mise dans le
pré. J'en fis la remarque à Hall qui, aussitôt,
arrêta l'indien. C'était bien ma mule noire, sur
laquelle on avait appliqué une couche de couleur blanche. Après l'avoir fait laver, la bête
noire reparut, et les voleurs se retirèrent, non
sans avoir reçu une bonne correction.

Le Quichua isolé est lâche, mais on ne saurait trop se méfier d'une troupe de ces indiens.
Elle devient alors agressive et capable de se
porter à tous les excès. J'ai eu l'occasion de le
constater; car si nous n'avions pas eu, Hall et
moi, les habitudes de la vie militaire, nous aurions certainement été victimes d'un attroupe-

ment de Quichuas. Nous explorions la campagne au sud de Quito. Arrivés à la sortie de la plaine de Turubamba, nous gravissions, montés sur d'excellents chevaux, un chemin qui aboutissait à une forêt. Nous allions au pas; nous vîmes s'approcher de nous quelques indiens portant chacun un bâton. Le nombre augmenta, et bientôt je pus compter une quinzaine d'individus, dont l'un eut la hardiesse de frapper mon cheval. Je dis à Hall : « Le sabre au poing et chargeons! » En un instant, nous nous débarrassâmes des importuns. Ils se réfugièrent sur les monticules où nous ne pouvions les atteindre ; puis nous continuâmes notre marche sans être inquiétés.

L'artisan indien ou métis exerce son métier avec un sérieux étonnant. En voici un exemple. Une belle dame, dont le mari tenait un commerce avec la Chine, me fit cadeau d'une pièce de nankin. Je fis venir un tailleur quichua pur sang, vêtu comme on l'était sous les Incas : caleçon, puncho noir, camisette, petit chapeau de paille. Je lui demandai s'il pouvait me faire un pantalon. La réponse fut telle que je crus lui dire qu'il pourrait bien en faire deux. « Avec la plus grande facilité », répondit-il. Le voyant si coulant, et n'ayant aucune idée de l'étendue de la pièce de nankin, j'engageai le maëstro à faire quatre pantalons. Il y consentit et, comme je lui disais de me prendre mesures, il m'assura que ce n'était pas nécessaire. Je jugeai qu'il avait du coup d'œil. Huit jours après, l'artiste était chez moi, ouvrant un paquet dans lequel il y avait quatre pantalons... des vêtements d'enfant. J'avais été joué par mon Quichua. Je le remerciai et le payai convenablement. J'admirai, dans cet indien, son impassibilité. La race cuivrée dissimule parfaitement les sentiments qu'elle éprouve. Ulloa raconte que l'on devait pendre à Quito deux malfaiteurs, un créole et un indien. Pendant que le blanc se désespérait devant le gibet, le Quichua ne manifestait pas la moindre émotion.

L'indien est vigoureusement constitué. Des vieillards centenaires sont encore robustes. On attribue cette longévité à la sobriété.

Le climat si tempéré des Cordillères est salubre; la maladie la plus redoutable est la petite vérole. Elle n'y règne pas continuellement, mais elle apparaît tous les sept à huit ans. De

même que d'autres épidémies, elle a des pé-
riodes fixes. On dirait que la disposition pour
l'absorption de certains miasmes ne se renouvelle qu'à des époques assez éloignées (Humboldt, *Nouvelle Espagne*, t. I). Au Mexique,
cette maladie (matlazahuatl) arrête l'accroisse-
ment de la population. En 1779, elle enleva
9 000 habitants dans la capitale ; une partie de
la jeunesse mexicaine périt dans cette année fatale. En 1797, une épidémie fut moins meurtrière
à cause du zèle avec lequel on avait propagé
l'inoculation ; car ce n'est qu'en 1804 qu'on la
répandit : les vaisseaux de la marine royale por-
tèrent la vaccine dans les colonies d'Amérique.

Humboldt consigne un fait important :

Jusqu'au mois de novembre 1802, on ne connaissait pas la vaccine à Lima. La petite vérole
sévissait sur les côtes de la mer du Sud. Quand
le *Santo-Domingo de la Calzada*, allant d'Espagne à Manille et portant des vivres conservés,
relâcha au Callao, le docteur Unanue, profes-
seur d'anatomie, eut l'heureuse idée de vacciner à Lima plusieurs individus. On ne vit naître
aucune pustule : le virus paraissait altéré.
M. Unanue, ayant observé que les vaccinés

avaient eu une petite vérole singulièrement bé-
nigne, il se servit de ce vaccin pour tâcher de
rendre, par l'inoculation ordinaire, l'épidémie
moins funeste. Il reconnut ainsi, par une voie
indirecte, les effets d'une vaccination que l'on
avait crue manquée. Ainsi, le vaccin conservé
ne déterminait pas de pustule sur la peau, il
n'agissait pas autrement qu'en communiquant
une éruption comparable à celle d'une légère
variole, et c'est avec ces varioleux que M. Unanue
opéra avec succès la petite vérole.

Humboldt dit que si la vaccine ou l'inoculation ordinaire eussent été connues dans le Nouveau Monde depuis le xvie siècle, plusieurs
millions d'indiens n'auraient pas péri victimes
de cette épidémie.

La hauteur moyenne du plateau de l'État de
l'Équateur où sont situés Harra, Quito, Cuença,
Riobamba, Latacunga, et de nombreux villages,
est de 2500 à 3000 mètres. Le terrain dominant est le trachyte. Sur plusieurs points, cette
roche semble sortir du gneiss, du micaschiste,
du granit. Des bouches ignivomes y indiquent
une forte intensité volcanique. La composition
du trachyte ne diffère pas de celle que l'on

remarque au Nord sur le Tolima, le Puracé, le
Pasto. J'ai vu, dans ces volcans, que l'obsidienne ne se rencontre qu'accidentellement, en
fragments épars, disséminés. Or, à l'Équateur,
on a signalé, depuis longtemps, d'importants
gisements qu'on exploitait comme avant la
conquête. On en fabriquait des instruments
tranchants, des miroirs. On m'indiqua un dépôt
abondant de verre volcanique près de Siccipamba, à une lieue de Quito. J'allai visiter cette
localité en compagnie des colonels Hall et Dast.
Partis dans la matinée, nous étions à 1 heure à
Guapulo, à 2 heures à Combayma, après avoir
passé le rio Tumaco (c'est la Guallabamba).
A 3 heures, nous traversions Tumaco, près du
torrent de Chiche, coulant dans un ravin coupé
à pic, ayant 60 mètres de profondeur. A 4 heures,
nous entrions dans l'hacienda, où l'on cultive la
canne à sucre. Après un repos, nous montâmes
à pied à Siccipamba, à la base de la chaîne de
montagnes fermant à l'Est la vallée de Quito.
Le lendemain, à 6 heures, nous prîmes la route
du Páramo. Au Sitio del Corral, il y a un trachyte noir poreux et néanmoins assez sonore ;
sa pâte porte des cristaux de feldspath blanc

vitreux. Il est disposé en colonnes prismatiques. Au-dessus, nous trouvâmes un amas de blocs presque entièrement formés d'obsidienne. Au Sud, le trachyte est noir, compact : c'est l'*estanco*, ou plutôt la *cueva de l'estanco*, ainsi nommée à cause d'une grande cavité pratiquée autrefois par les indiens. L'obsidienne, peu colorée, est en rognons au milieu d'une sorte de perlite. Il y a aussi à l'estanco de l'obsidienne noire, opaque, accompagnée d'une variété curieuse par sa couleur rouge ou brune, jaspée, ressemblant à de l'agate. Au delà du ruisseau San Lorenzo, on voit un trachyte à pâte bleue, parsemée de feldspath blanc. Sur plusieurs points, l'obsidienne était mêlée à une sorte de perlite.

Depuis le matin, il tombait de la neige. Dans la vallée et la Cordillère, le thermomètre marquait $+ 33°$. Nous arrivâmes au Machay de Guilassé. La tradition désignait cette localité comme l'exploitation la plus importante exécutée par les Quichuas. Qu'on imagine un rocher sur la pente de la montagne, ayant à sa base un portail sous lequel pouvaient s'abriter hommes et chevaux. Une ouverture communiquant à l'intérieur permettait d'examiner la position du verre volcanique. La masse est d'abord rubanée par des bandes d'argile, puis on n'aperçoit plus que de l'obsidienne, en gros morceaux sphériques.

Nous retournâmes à Siccipamba en marchant toujours sur la neige et en recevant une grêle lancée avec une telle force qu'elle nous déchirait le visage. Nous dînâmes copieusement à l'hacienda, grâce à la prévoyance de Catita Valdiviesso. A l'Est du Páramo, les eaux se rendent à l'Amazone.

En quittant Siccipamba, nous allâmes visiter la plaine de Yaruqui où les académiciens français en 1736 mesurèrent une base devant servir de fondement à leurs opérations trigonométriques. Après deux heures de marche nous étions dans l'hacienda d'Oyambaro, extrémité Sud de la base. On y avait élevé une pyramide dont je ne vis que les ruines; un morceau de la pierre portant les restes d'une inscription servait alors à une meunière pour se jucher sur sa mule. J'en ai emporté un fragment comme relique.

A 2 heures, nous arrivions à Quito. L'expédition avait eu un plein succès. L'obsidienne avait été trouvée en place, en relation avec le

trachyte, mais loin d'un foyer en activité. Ce
minéral, malgré son apparence vitreuse, ne
semble pas avoir été à l'état fluide avant sa con-
solidation. Il existe cependant une analogie
entre sa composition et celle du trachyte ; ainsi,
d'après Bunsen, le trachyte normal contiendrait.

Silice.	76,67	
Alumine et Fer	14,23	
Chaux.	1,44	
Magnésie..	0,28	} 100
Potasse.	3,20	
Soude.	4,18	

On a dosé dans :

	Obsidienne noire d'Islande. (Bunsen).	Obsidienne incolore de Puracé. (Joseph Boussingault).
Silice .	75,8	75,0
Alumine.	10,3	10,7
Fer.	3,8	2,7
Chaux.	1,8	»
Magnésie..	0,3	3,0
Potasse.	2,5	4,9
Soude.	5,5	3,0
Chlore.	»	Indice.

En effet, l'obsidienne, exposée à l'action du
feu, présente un curieux phénomène : au rouge
cerise, elle n'éprouve aucun changement; mais
entre le rouge orange et le rouge blanc, elle se

boursoufle subitement, devient spongieuse, incolore, remplie de vacuoles; elle ressemble à de la pierre ponce. A une température plus élevée, le produit tuméfié s'affaisse et entre en fusion.

Ce boursouflement de l'obsidienne a été constaté depuis longtemps. A Quito, Humboldt fit avec M. Laréa des essais intéressants sur ce sujet. J'ai eu, de mon côté, l'occasion de reconnaître qu'en se tuméfiant, l'obsidienne ne perd qu'une très faible quantité de matière.

Antérieurement à ces recherches, Spallanzani avait établi, avec la sagacité qui caractérise tous ses travaux, les effets d'une forte chaleur sur les produits volcaniques. Les bulles que l'on aperçoit dans les laves, dans l'obsidienne de Lipari, l'illustre naturaliste les considérait comme engendrées par des fluides aériformes, par des vapeurs, qu'il ne parvint pas à extraire, mais il nota ce fait intéressant, qu'à une température très élevée, on obtient toujours un peu d'eau acidulée par de l'acide chlorhydrique.

J'ai exécuté, avec M. Damour, une série d'expériences pour déterminer la cause de la tuméfaction. Nous avons évalué: 1º la perte que l'obsidienne subit par l'application du feu ; 2° si, pendant cette application du feu, il y a émission de gaz ; 3° les quantités d'eau et d'acide chlorhydrique éliminés ; 4° les proportions du chlore renfermées dans l'obsidienne avant et après le boursouflement.

Voici quelques-uns des résultats :

Perte pendant la tuméfaction.

Obsidienne de Puracé.		0,0055
—	Mexico, à reflets métalliques.	0,0063
—	Islande.	0,0046
—	Lipari.	0,0073
—	Siccipamba.	0,0024

Généralement les obsidiennes, en se tuméfiant, augmentent de deux à sept fois leur volume initial. Au reste, la rapidité avec laquelle le minéral est porté au rouge a de l'influence sur cette expansion. Par exemple, en jetant dans un creuset de platine porté à la température de la fusion du fer, un fragment d'obsidienne, le gonflement a lieu instantanément et la matière tuméfiée, extrêmement légère, occupe un volume de quinze à vingt fois plus considérable.

En opérant dans des vases en porcelaine

imperméable, nous n'avons pu retirer un gaz permanent, mais nous avons obtenu une petite quantité d'un liquide incolore, limpide : c'était de l'eau acidulée par de l'acide chlorhydrique.

Rapportant à 1 gramme de matière, on a extrait :

	Eau.	Acide chlorhydrique.
Obs. chatoyante de Mexico.	0,00636	0,00112
— d'Islande.	394	38
de Lipari.	471	144
de Siccipamba.	121	19

L'acide chlorhydrique dégagé n'était pas à l'état libre; il est produit par l'action que la silice exerce, à une température élevée, sur les chlorures, en présence de la vapeur d'eau.

Après avoir été tuméfiée, l'obsidienne doit renfermer moins de chlorure : c'est ce que l'analyse a démontré.

L'eau en est nécessairement expulsée pendant le boursouflement. Cependant, au rouge cerise, c'est-à-dire à une température de 800° environ, elle reste dans le minéral ; bien que sa tension soit considérable, c'est lorsque la chaleur est assez intense pour affaiblir la cohésion (rouge orange) que cette vapeur et le gaz chlorhydrique s'échappent de l'obsidienne ramollie, quoique encore assez consistante pour conserver la disposition cellulaire. Il faut la température rouge blanc pour en opérer la liquéfaction.

ASCENSION A L'ANTISANA

Un des points les plus curieux du rameau oriental qui limite la vallée de Quito est la métairie d'Antisana, située au pied d'une montagne que l'on considère comme un ancien volcan. L'Antisana est à 5 lieues au Sud de l'équateur. Pour s'y rendre, on passe par Piñantura.

Le 5 août, à 10 heures, nous sortîmes de Quito pour descendre dans la vallée du Chillo, laissant à notre gauche les eaux thermales d'Allangazi, dont la température est de 34°. Nous passâmes le rio Machangura qui, plus au Nord, prend le nom de Guallabamba. Nous allions à l'Est; le terrain n'offrait rien d'intéressant : toujours la même alluvion avec des coupures profondes. Bientôt on découvrit l'hacienda de Piñantura, où nous entrions à 4 heures. C'est un vieux manoir, une cour entourée de piliers auxquels sont suspendues des

têtes de cerfs, de dantas, de lions. En un mot,
une de ces constructions que les conquistadores
élevaient pour se défendre contre les attaques.
Piñantura a des fenêtres d'une très petite dimension, ouvertes ; à l'extérieur, des créneaux,
pour faire feu sur l'ennemi ; à l'intérieur, des
balcons de style mauresque sur lesquels
s'ouvrent les appartements.

La famille des Valdiviesso avait réuni à
Piñantura des livres surtout théologiques. On y
trouvait aussi des vêtements, et c'est là que je
vis ces capuchons voilés dont les dames se servaient pendant les excursions sur ces neiges
sporadiques qui, bien qu'inférieures au niveau
de la congélation, restent sur le sol. En effet,
l'altitude de Piñantura ne dépasse pas 3155
mètres, la température moyenne est de 11°,1.

Nous partions de l'hacienda à 9 h. 1/2 le 6.
Une demi-heure après nous arrivions à Lysco.
Dans la grange, la température du sol était de
8°,9, l'altitude 3550 mètres. Au Nord, nous
apercevions un énorme amas de pierres dont
les fragments étaient à angles aigus. On disait
qu'elles étaient sorties du volcan d'Antisana.

La première idée, lorsqu'on voit cet amoncellement, est qu'une montagne considérable s'est écroulée. On ne saurait cependant admettre, avec l'opinion commune, que ce torrent de la roche soit sorti et ait coulé à la manière de la lave. D'abord ce ne sont pas des laves. Ajoutons que la *reventacion* (l'explosion) aurait eu lieu il n'y a pas fort longtemps, mais on n'a pas pu m'en dire l'époque. Il est certain qu'un moulin appartenant à l'hacienda de Lysco fut alors complètement détruit.

A 3 heures, nous entrions dans la métairie d'Antisana, la plus haute habitation du monde, assure-t-on. Ce sont deux cabanes, pour ainsi dire aériennes, placées au bord d'un ruisseau. Le froid qu'on y ressent, l'apparence morfondue de ceux qui y séjournent a quelque chose de glacial. La neige tombait abondamment.

Sur plusieurs points on voit des blocs de trachyte. Tout près de l'habitation, il y a une masse de cette roche formant une cavité, une espèce de bouche; aussi lui donne-t-on le nom de volcan, sans doute à cause d'une apparence scorifiée.

Le 6 août, l'air, à l'extérieur, était à 1°,7. Il neigeait et l'on n'apercevait pas le pic de l'Antisana. Malgré ces conditions défavorables, on résolut de faire une ascension.

A 8 h. 1/2 nous nous dirigeâmes au N.-N.-E. La pente de ce qui semble être la base de ce cône neigeux est d'environ 30 à 35°. Au moment où j'allais descendre de cheval, je fis une chute des plus dangereuses. La selle avait tourné et mon pied était pris dans l'étrier. Heureusement que je ne lâchai pas les rênes. Cet accident était le prélude de ce qui survint dans le cours de l'expédition.

La consistance de la neige était telle que nous fûmes obligés de pratiquer des marches à l'aide du marteau. On montait ainsi avec une extrême lenteur. Hall, découragé, descendit pour chercher une voie plus facile. Je continuai le travail dans lequel j'étais soutenu par l'espérance, qui s'est réalisée, qu'à une certaine hauteur la pente diminuerait. Bientôt, en effet, nous pûmes nous tenir et nous parvînmes rapidement au sommet de la montée.

La grande difficulté était vaincue ; nous étions en vue d'une plaine qui s'élevait graduellement vers le point le plus haut du pic. Il était 11 heures.

Sur le Tolima, sur le Puracé, sur le Cumbal, j'avais fait des observations dans le voisinage des Nevados, mais l'étendue non interrompue de ce plateau neigeux était pour moi un spectacle nouveau. Dans le lointain seulement on apercevait quelques montagnes. De temps à autre il faisait du soleil ; le grésil tombait presque continuellement. Le ciel, quand on le voyait, avait cette couleur noire très foncée qui étonna Saussure dans son ascension au Mont-Blanc.

En approchant de la cime de l'Antisana, la pente devenait beaucoup plus forte. Je ressentais en marchant cette gène qu'on éprouve dans la respiration sur les lieux très élevés. Mon pouls battait plus de 130 pulsations par minute ; mais il suffisait de m'arrêter quelques instants pour ne sentir aucun inconvénient.

L'indien qui me suivait se trouva mal ; il eut un vertige et pleurait à chaudes larmes. Je le laissai étendu sur la neige ; en continuant à monter, j'aperçus Hall qui avait suivi nos traces. Un nuage les cacha. Je parvins près d'une large crevasse dont la profondeur doit être considérable. L'entrée a tout à fait l'aspect d'un portail. Je m'arrêtai au bas d'une masse solide compacte de glace transparente qui me parut avoir de 30 à 40 mètres de hauteur. Il me fut impossible d'en atteindre le sommet.

Le baromètre indiqua 4 871 m., temp., 0°,7.

Rappelons que les autres observations astronomiques donnent pour la métairie 4 072 m., (alt. absolue du pic 5 878 m.). Dans un trou de $0^m,38$ percé dans la glace, un thermomètre se maintint à 1°,7.

La partie supérieure de l'Antisana est remplie de fissures dans une glace d'un bleu pâle par réflexion, incolore par réfraction. La masse est recouverte de 30 à 40 centimètres de grésil. Je tombai dans une de ces crevasses de 1 mètre de profondeur.

Le retour fut facile et prompt; à 1 h. 1/2 nous étions au pied du Nevado. Nous marchâmes à l'Ouest sur la pamba, il y avait des blocs de trachyte. A 4 heures je fis une seconde chute de cheval dans un *pajonal* (prairie) alors que nous courions deux cerfs. Bientôt après nous arrivâmes à Lysco, où nous passâmes la nuit. A peine couché, je ressentis d'horribles douleurs dans les yeux. Il s'y déclara une forte

inflammation. Le colonel Hall et mon nègre
furent atteints du même mal. L'accident avait
été produit par le reflet de la neige : nous avions
eu l'imprudence de ne pas porter un masque.
Au point du jour, j'étais presque aveugle. Je me
décidai à retourner à Quito, j'allai à cheval, les
yeux bandés ; un Indien me conduisait. J'arrivai
à Piñantura. Les gens de la ferme m'appli-
quèrent sur les paupières du piment (aji) qui
calma l'inflammation. Je parvins à Quito encore
dans un très mauvais état. Le docteur Dast me
prodigua des soins.

Grâce aux prévenances de mes amies, ma résidence à l'archevêché présentait un luxe sur-
prenant. On s'empressait autour du malade. On
remarquait dans un coin du salon une specta-
trice immobile qui observait tout avec inquiétude. C'était la métisse, ma première connaissance à Quito.

L'accident que j'éprouvai ne me permit pas
de continuer les observations barométriques
que j'avais commencées à la métairie. Des
études météorologiques sur un point placé à une
telle altitude sous l'équateur même offraient
beaucoup d'intérêt. Heureusement que, quelques

années plus tard, je pus engager un jeune Américain, M. Carlos Aguirra, élève distingué de l'École centrale, à établir un observatoire à l'Antisana.

C'est certainement la première série des observations faites à une hauteur au-dessus du niveau de la mer égale à celle du Mont-Blanc.

En voici un court résumé.

La hauteur moyenne du baromètre, déduite des maxima et des minima pendant 364 jours, a été 471^{mm}, 27.

La température moyenne, déduite des observations faites d'heure en heure, entre 6 heures du matin et 6 heures du soir, a été :

		Degrés.
1845	Décembre	7,04
1846	Janvier	6,67
—	Février	5,80
—	Mars	5,99
—	Avril	6,34
—	Mai	6,00
—	Juin	3,12
—	Juillet	3,56
—	Août	3,42
—	Septembre	4,12
—	Octobre	5,33
—	Novembre	5,81
—	Décembre	5,37

Moyenne 5°,44.

Un thermomètre placé pendant la nuit à 0°,4 au fond d'un trou de mine, marqua, à 8 heures du matin — 5°, la température étant de $+$ 1°,7 extérieurement. L'abaissement, par l'effet du rayonnement nocturne, a été de 6°,7 ce qui explique pourquoi fréquemment, au lever du soleil, l'herbe est couverte de givre, bien qu'un thermomètre suspendu dans l'air soit à plusieurs degrés au-dessus de zéro.

La pluie recueillie en 10 mois à l'Antisana a a été d'environ 2 mètres. Le ciel y est généralement nuageux; on en jugera par ces données. En 175 jours, on a enregistré :

Jours où il y a eu des brouillards. . . .		130
—	de la pluie	122
—	de la neige	36
—	de la grêle	12
- -	du tonnerre	17
Jours où le ciel était découvert.		34

Pendant mon repos obligé, je pus observer les mœurs faciles de Quito. Catita de Valdiviesso redoublait de prévenances. Elle me raconta son histoire. Elle prétendait ne pas être mariée. Un Valdiviesso, son oncle, décida qu'elle épouserait son cousin. Un jour, il la fit approcher de son lit sur lequel étaient étalés de magnifiques bijoux. A côté du malade, il y avait un prêtre. Les fiancés ne témoignaient aucun empressement. Quand on demanda à Catita si elle consentait à épouser son cousin, elle répondit : Non ! Mais il s'agissait de ne pas diviser une grande fortune. Cette étrange union accomplie, Catita me raconta avoir été seule passer la nuit dans une fête désordonnée donnée chez des amis. Les deux époux vécurent néanmoins dans un parfait accord. Mme de Valdiviesso ne contractait que des unions passagères, en pratiquant la manœuvre habituelle de se rendre, à la fin du jour, à la oracion où on l'attendait, prenant la précaution de porter un *rebozo*, mantille couvrant la figure, un large chapeau de feutre et un vêtement de laine.

A Quito, comme dans toutes les villes des Cordillères, on voit sortir, aux premiers coups de l'angelus, des *amies* qui vont passer quelques instants avec des *amis*. Brantôme aurait dit : « On restait habillé. »

Mes loisirs me permettaient de passer une partie de la journée auprès de Catita, passe-temps fort agréable. Un jour je fus surpris d'apprendre qu'elle allait partir pour la grande hacienda de Pomasqui où elle devait séjourner des semaines. Je le fus bien davantage quand son mari m'engagea à l'accompagner. Le colonel Dast, auquel je racontai le fait, me dit en riant que M. Valdiviesso me condamnait à un mois de travaux forcés. C'était une plaisanterie.

La caravane, composée de métis, de mulâtresses, partit pour Pomasqui. Nous avions pris les devants. La señorita était ravissante ; je ne l'avais pas encore vue à cheval. Nous allions avec une vitesse effrayante. A midi, nous fîmes halte à Cotocoya. A 3 heures, nous nous remîmes en route avec une forte pluie qui, mouillant à fond les vêtements légers de l'écuyère, la montrait modelée, une vraie nudité. A 5 heures, nous entrions à l'hacienda. Catita se déshabilla et se coucha devant moi, sans le moindre embarras.

Pomasqui, dont l'altitude est de 2500 mètres, est au N. de Quito, sur un plateau traversé par un ruisseau se rendant au Gallabamba. L'habitation est un immense bâtiment presque absolument vide, ayant à ses extrémités d'un

côté une chambre de maître et de l'autre un
cabinet obscur où on me logea. Nous étions sé-
parés par un grand espace qu'il n'était pas aisé
de franchir pendant la nuit.

Les occupations diurnes et nocturnes furent
à peu près les mêmes durant 9 à 10 jours.
J'aidais la maîtresse de la maison dans ses travaux. En préparant des confitures, le feu prit
à sa robe, en étoffe de laine verte, teinte avec
un sel de cuivre. Le tissu s'alluma comme aurait fait de l'amadou. Les assistants restaient
stupéfaits quand, sans perdre une minute, je
déchirai et enlevai le vêtement.

Je songeai à partir et je montai à 8 h. 1/4,
le cheval qu'à ma demande, Dast m'avait envoyé.
A 9 h. 3/4 j'avais franchi, en allant au galop,
les 4 lieues qui séparent Pomasqui de la ville.
De l'Éjido, je vis très bien l'Antisana et le Cotopaxi d'où sortait une épaisse colonne de fumée.
La matinée avait été superbe ; dans l'après-midi
il y eut du tonnerre et de la grêle.

Le 8 novembre (un mardi), je retournai à Pomasqui ; le 11, j'en partis définitivement. J'arrivai à Quito en très bonne santé.

Le 5 septembre, on commença les courses de

taureaux. C'était un événement. La plaza
mayor de Quito fut transformée en un immense
amphithéâtre. La toilette des femmes était resplendissante. Au moment signalé, un taureau
entra sur la place en bondissant contre les
piétons bandoleros qui l'attaquaient. Un superbe
cavalier armé d'une lance attirait tous les
regards. La lutte devint plus vive et bientôt le
taureau tomba sous le fer des assaillants, au
milieu d'applaudissements prodigieux. Il y avait
eu trois personnes grièvement blessées.

Le 6, les jeux continuèrent. Il y eut 5 blessés,
dont un mortellement. Le 7, un bandolero fut
blessé. Le 8, il n'y eut pas de taureau. Danse sur
la corde tendue, par un artiste de premier ordre
que les femmes surtout applaudissent avec en-
thousiasme.

Le 9, jeu de taureaux. C'est plutôt un amuse-
ment qu'un combat. On harcèle l'animal, on
l'excite. Les indiens attachent des fusées à son
cou. On apercevait, au milieu de l'arène, une
femme prenant les postures les plus indécentes.
Cet être impudique était un moine.

Après la fête, il y eut une grande réception à
la Présidence. Le Père Urbain y assistait et fut

assez surpris de rencontrer, dans l'état-major du général Florès, l'officier qu'il avait hébergé à Pasto.

A Quito, mes relations étaient des plus agréables. J'y retrouvai plusieurs anciens camarades. Au palais, brillantes réceptions, dîners d'apparat... tout allait pour le mieux, quand survint un accident des plus graves : la révolte du bataillon Vargas. C'était une conséquence de la situation politique occasionnée par la mort de Bolivar. On avait partagé la République de Colombie en trois États indépendants : 1° le Venezuela, administré par le général Paez; 2° la Nueva Granada, sous la direction de Urdaneta; 3° l'Équateur, gouverné par Florès.

Dans la nuit du 10 au 11 octobre 1831, les officiers du bataillon Vargas, à l'exception du commandant Whitle, furent arrêtés à l'instigation d'un sergent-major, le nègre Arboleda.

Le 11 au soir, Florès se trouvant au palais, dans une pièce du rez-de-chaussée, une balle, venant de la plaza mayor, tua son assistant. Le général comprit de suite qu'il y avait un mouvement insurrectionnel. Il sortit aussitôt à

cheval par une porte dérobée et se rendit dans
la ville pour ordonner à un régiment de hussards, campé à quelques lieues, de marcher
contre les insurgés. Le 12 au matin, il y avait
une vive agitation sur la place : le bataillon
Vargas était sous les armes.

Je fis enterrer dans le jardin de l'archevêché
mon *trésor* et mes papiers par mon assistant
Vicente; puis je parvins à sortir sans être remarqué et, malgré les conseils qu'on me donnait, j'étais à cheval, à côté du général Florès.
On parlementait avec les insurgés qui dé-
claraient, ce qui était vrai, qu'on ne les avait
pas payés. Ils réclamaient leur solde pour retourner dans les Provinces du Centre. On décida
de leur remettre de l'argent; le colonel Demarquet et moi fûmes chargés de la répartition.
Demarquet prenait dans un sac les quelques
piastres qu'il mettait dans les mains des soldats.
J'étais là comme témoin et mon rôle ne fut pas
inutile, car il y eut un moment où un grenadier,
trop impatient, posa la bouche de son trabuco
sur la hanche de mon camarade, j'eus tout juste
le temps de détourner le coup qui partit sans
l'atteindre. Après l'indemnité accordée, il fut

convenu qu'avant d'autoriser le départ du bataillon, le président de la République de l'Équateur formulerait certaines propositions. A cet effet, la troupe devait se réunir sur la place.

A 3 heures, nous trouvâmes les soldats en ligne. Florès s'avança avec nous à quelque distance du front, mais au moment où il commençait à parler, le bataillon fit feu. On est rarement exposé à une grêle de balles, comme celle qui était dirigée contre notre groupe; on n'oublie jamais un bruit aussi assourdissant. Le général Florès, par un mouvement connu des llaneros avait, après le feu, les jambes croisées sur la selle et le corps sous le ventre du cheval. Pour nous, tout étonnés d'être encore vivants, nous nous retirâmes à la hâte dans une rue où l'on devait être à l'abri; des chevaux seuls avaient été légèrement blessés. Nous pûmes regagner les environs de l'archevêché. Les révoltés se mirent en marche dans l'intention de se rendre à Pasto pour y rejoindre le général Obando, vraisemblablement le promoteur de la rébellion. Le colonel Whitle les suivait dans l'espoir de les ramener à leur devoir, ce qui lui coûta la vie, car, tombé dans une embuscade, on le fusilla sur le pont de Guayabamba.

Une fois hors de Quito, les soldats marchèrent sans ordre comme il arrive toujours à une troupe obligée de pourvoir à sa subsistance. Les traînards étaient entraînés par les hussards qui les poursuivaient. On prit le sergent-major Arboleda, qui fut passé par les armes sur la plaza mayor, malgré les demandes en grâce adressées par des dames qui s'intéressaient singulièrement à ce nègre. Pas un des soldats du bataillon Vargas n'arriva dans l'intérieur; le plus grand nombre fut conduit à Quito.

Il était triste de voir mourir avec tant de résolution et d'indifférence des hommes doués d'un courage incontestable. Ceux qui échappèrent aux recherches se dispersèrent de tous les côtés. J'en ai plusieurs fois rencontré; ils me faisaient un salut militaire, une sorte de confession. Je comprenais, et je les plaignais.

TERTULLAS ET PUROS

Les tertullas de Quito étaient des soupers improvisés dans une chambre imparfaitement éclairée par quelques chandelles. Les conver-

sations y étaient partielles et parfois on prê-
tait l'oreille à des racontars bien amusants.
Ces réceptions amicales étaient, dans de rares
occasions, remplacées par un *puro*, véritable
orgie, sorte de bacchanale où les dames de la
haute société, qui ne buvaient généralement que
de l'eau, se plongeaient dans une demi-ivresse.

Cette fête désordonnée, le *puro*, a lieu dans des
circonstances déterminées, un événement favorable et inattendu, un changement de domicile.
une pendaison de crémaillère. Mais, pour en
comprendre les phases, il faut connaître comment est organisée la vie de famille dans les
grandes propriétés de l'Équateur. On vit avec
les produits des terres cultivées ; les indiens qui
occupent ces terres donnent en échange une
certaine redevance. L'indien est libre depuis la
conquête ; néanmoins il reste sur le sol où il est
né ; les liens n'ont pas été rompus avec l'ancien
maître. Ainsi toute une famille Quichua s'établit
dans la maison de Quito : ce sont les *Guasicamas*.
On ne les voit pas ; ils sont dissimulés au rez-
de-chaussée, mais ils reconnaissent ceux qu'ils
peuvent laisser entrer ; ils interviennent quand
un inconnu se présente.

Pendant un souper fort animé, on avait servi des rafraîchissements dans le salon ; des matelas avaient été jetés sur le sol des chambres voisines. En sortant de table, on commença des boléros effrénés. Catita, vêtue en officier, dansa sur la corde tendue, simple ficelle maintenue à deux pieds au-dessus du plancher par deux mains qui la tenaient rigide. Catita l'enjamba et munie d'un balancier, elle exécuta les évolutions les plus excentriques ; l'alcool l'avait emballée.

Après la corde tendue vint le *molet-molet :* une bouteille de marasquin mise par terre à l'entour de laquelle chacun vint tourbillonner, en faisant les pas les plus fantastiques. Si, au milieu des évolutions, le flacon est renversé, le danseur est obligé de boire un verre de la liqueur comme punition. Je remarquai que tous les danseurs encouraient le même châtiment, donc tous prenaient du marasquin ; je fus le seul qui ne fit pas tomber la bouteille. Je trouvais que la surexcitation générale atteignait un diapason un peu élevé ; je songeai à sortir de l'orgie, bien qu'on m'engageât à me reposer si j'étais fatigué. J'eus à batailler avec les Gua-

sicamas, mais ces indiens, sachant que je ne
plaisantais pas, finirent par m'ouvrir la porte,
contrairement à la consigne qu'on leur avait
donnée. Bientôt après j'étais à l'archevêché
innocemment étendu sur le lit en palissandre de
ce bon Père Lasso.

Chez Catita le *puro* atteignit des proportions
monstrueuses : c'était un pêle-mêle étourdis-
sant; on ne reconnaissait plus les sexes, ainsi
que me le raconta une mulâtresse qui avait
assisté à la fête. Je redoutais beaucoup ces agi-
tations nocturnes. Ainsi une nuit de carnaval je
fus assailli à minuit dans ma respectable demeure par une bande de masques que conduisait Catita. Je ne répondis pas. Comme on allait
enfoncer la porte, je me disposais à ouvrir,
quand une métisse me dit : « Don Juan, ne
bougez pas; ils s'en iront », ce qui eut lieu en
effet.

Ces dames, buveuses d'eau, quand elles sont
sous une légère influence de l'alcool, prennent
des allures singulières. Il en résulte des scènes
assez drôles. En voici une :

On avait soupé chez Mme de Valdiviesso. Je ne
sais comment on était venu à parler d'un nou-

veau-né; ce fut le prélude d'une bizarre comé-
die. Je lisais un journal, lorsque je fus distrait
par des cris provoqués par une douleur aiguë.
Qu'est-ce que je vis? Catita, étendue sur un canapé, faisant des efforts pour accoucher. Elle
mit au monde une guitare qu'on emmaillota; un
moine de San Francisco, maître de musique de
la famille, entonna un chœur d'église et on procéda au baptême. Cette scène était scandaleuse,
immorale, mais divertissante.

En voici une autre dont l'issue aurait pu
être fatale. J'assistais à un grand dîner officiel
chez le général Florès. Parmi les ornements du
service, on distinguait une Vénus moulée en
glace par de bonnes religieuses; la statuette
était placée devant moi. Par l'effet de la chaleur,
elle se couvrit de gouttelettes; on aurait dit une
transpiration. Bientôt l'eau finit par ruisseler
en quantité assez forte pour que je fusse obligé
de la recevoir dans un verre que je vidai. Ce
fut mon occupation continuelle à la grande satisfaction de mes voisins. En sortant du palais
du général, j'aperçus le colonel Dast revenant
de Guayaquil et suivi d'une mule chargée de
caisses de vin. Il fit halte pour nous inviter à

nous rendre chez lui et goûter son champagne.
Nous étions six ou sept officiers d'origine étran-
gère, entre autres le major Marchese, médecin
arrivant de Bolivie. Il y avait avec nous un
jeune négociant anglais dont j'ignore le nom.
On l'appelait Bréguet, à cause d'une nouvelle
clef de montre qu'il portait, et deux camarades,
les colonels Demarquet et Klinget. On comprend
comment le vin de Dast fut goûté : à pleins go-
belets. Je me ménageai, et cela fort aisément.
Le jeune ami Bréguet, étendu sur un canapé,
humait avec empressement le verre que j'ap-
prochais de ses lèvres ; il avait perdu le sentiment ;
malgré son ivresse, il dormait toujours. On
imagine le brouhaha de notre réunion. Cependant il y eut un calme : ce fut lorsque Marchese
proposa de décider quel était celui d'entre nous
qui avait eu le plus beau succès de femmes.
Chacun exposa son histoire, toujours la même
à peu près. Les bonnes fortunes, tout le monde
en a eu, même les bossus, surtout les bossus.
Marchese me reprocha de n'avoir pas fait la
cour à une indienne de Payta, encore aimable,
quoique âgée de 125 ans. Pauvre vieille, que
j'ai accueillie avec pitié et dont je parlerai plus

tard. Puis vint l'affaire de Dast et de Catita de
Valdiviesso; j'en connaissais les péripéties que
la pécheresse m'avait confiées. Catita était allée
à la cathédrale pour parler à son confesseur:
le bon prêtre disait la messe; elle dut l'attendre
dans la sacristie où Dast la rencontra. Il m'est
impossible de tout raconter, de dire quelle scène
suivit. Le lendemain Catita se confessa. On lui
donna pour pénitence la lecture d'une prière.
Dast fut proclamé par Marchese le roi des
amoureux. On but à sa santé; j'entonnai champagne sur champagne à mon camarade Bréguet. Il en mourra, disais-je. Pas le moins du
monde. Le matin je le rencontrai, frais comme
une rose et encore altéré.

Ainsi qu'il arrive fréquemment entre militaires avinés, il y eut des propos inopportuns,
puis provocation. Un grand deuil de famille
empêcha le duel.

Depuis le séjour à Pomasqui, Catita et moi
étions les plus grands amis du monde : une relation platonique. Heureux d'être ensemble,
Mme Valdiviesso faisait tout ce qu'elle pouvait
pour m'être agréable : c'était une pénitente dont
je connaissais les peccadilles; elle avait ses ca-

prices, ses exigences; j'étais souvent invité à rester dans sa société.

La sœur d'un colonel de mes amis allait prendre le voile. Je devais me rendre à la fête donnée au couvent comme adieux de la jeune femme au monde qu'elle allait quitter. Dans l'après-midi, une métisse et une mulâtresse vinrent à l'archevêché me rappeler que leur maîtresse, Mme de Valdiviesso voulait absolument me voir à cette soirée. Je ne comprenais rien à cette insistance puisque j'étais déjà engagé et qu'elle ne l'ignorait pas. A 8 heures du soir, je me rendis au couvent. La société était resplendissante. Je n'aperçus pas tout de suite Mme Valdiviesso. Je la vis enfin, et avec surprise, dans un brillant et singulier costume : une robe de velours bleu de ciel, le corsage et les parements en velours noir, une cravate rouge au cou, et le tout garni de riches broderies d'argent. En me serrant la main, Catita me dit à voix basse : « Votre uniforme ! » C'était une curieuse idée, un caprice.

C'est le 21 septembre, à 7 heures du matin que je partis de Quito. Il y avait eu peu de temps

auparavant un violent tremblement de terre.
Quelques adieux furent touchants. Catita me
donna un *abrazo* silencieux. Nous étions et
nous sommes restés les meilleurs amis. C'est
avec bonheur qu'en Europe je recevais de ses
lettres exprimant les sentiments les plus dé-
voués avec une exquise finesse de style. La métisse était inconsolable. L'extrême attachement
que contractent souvent les castes inférieures
est très remarquable. Je reçus à Guayaquil une
lettre que la jeune Quichua m'avait fait écrire
par un moine. Elle regrettait de ne pas possé-
der la plume de saint Augustin pour me dire
combien elle était malheureuse depuis mon
départ.

Mon bagage était en avant ; à 5 heures et demie du soir on arriva à l'*hacienda* de Callo (alt.
3 160 m. ; temp. de l'air, 13°,3). Nous logeâmes
au milieu des ruines d'un *tambo,* asile pour les
voyageurs construit avant la conquête. Les
pierres, en trachyte noir, ont une surface con-
vexe et sont juxtaposées sans ciment. Dans les
murs il y a des cavités, et sur les parois des
saillies pour serrer ou suspendre les objets des
voyageurs. Nous eûmes un bon souper, mal-

heureusement, la nuit, nous fûmes assaillis par une légion de gros poux blancs.

23 septembre. — Le lendemain, à 7 heures, je me mis en route avec Hall, et un nègre portant le baromètre. J'avais aussi l'espoir de mesurer la température de la neige du Cotopaxi.

Vue à distance, la montagne a la forme d'un cône parfait. C'est un pain de sucre en neige. Hall et moi étions à cheval. Notre guide ne connaissait pas le terrain, les Quichuas ne dépassant que très rarement la limite des glaciers. La matinée était froide, brumeuse. Après avoir traversé une plaine, nous nous élevâmes graduellement. A 10 heures nous étions à une hauteur telle que nos mulets ne montaient qu'avec beaucoup de peine; aussi nous mîmes pied à terre. Le ciel se découvrit. Nous reconnûmes alors que nous étions au pied même du volcan. Devant nous se trouvait un ravin très profond. Après avoir bien inspecté la localité, nous trouvâmes convenable d'essayer l'ascension en suivant une *cuchilla* nommée la *Plancha*. La pente était rapide. A 11 heures nous atteignîmes la neige; la montée devint encore plus difficile: heureusement on ne fut pas obligé de tailler

des marches dans la glace. Nous nous couvrî-
mes la figure de masques portant des lunettes
à verres colorés pour ne pas éprouver les accidents que nous avions ressentis à l'Antisana.
Nous continuâmes à nous élever sur la neige,
mais très lentement, tant l'inclinaison était
forte; de temps à autre, nous trouvions de petits espaces de roches; les efforts que nous
faisions pour gravir une pente aussi prononcée,
à la grande altitude à laquelle nous nous trouvions, rendaient l'ascension des plus pénibles.
A peine faisait-on cinq ou six pas, qu'on était
obligé de s'asseoir. La respiration durant la
marche devenait difficile; un vent descendant
des plus violents ajoutait encore aux difficultés
que nous éprouvions. La pente devenait abrupte;
nous ne rencontrions plus une place horizontale,
la neige devenait aussi de plus en plus meuble ;
la fatigue que nous éprouvions était si violente
que plusieurs fois, après avoir fait quelques
pas, nous étions forcés de nous étendre tout du
long pour reprendre haleine; la soif était ar-
dente; la chaleur du soleil y contribuait, et j'eus
recours au moyen que j'avais déjà employé dans
une circonstance analogue : je suçai de la neige.

L'intensité du son avait considérablement diminué à la hauteur à laquelle nous étions parvenus. A 2 heures, à une très petite distance, on ne distinguait pas les paroles. Tout près du point le plus élevé du Cotopaxi, là où se trouve un rocher coupé à pic, l'inclinaison permettait à peine de se tenir debout, la pente de la neige présentait un danger imminent; on en peut juger par ce fait que les bâtons que nous avions posés à côté de nous et cru mettre à l'abri d'une chute, glissèrent tout d'un coup avec une rapidité vertigineuse et allèrent se perdre dans l'abîme. Hall et moi échangeâmes un regard très expressif, sans prononcer une parole. Nous comprenions notre situation.

Mon nègre, demeuré un peu plus bas que nous, éprouva des vertiges; il semblait ivre, ses pieds étaient absolument engourdis; il lui eût été impossible de s'élever davantage ; je dus aller vers lui chercher mon baromètre. Dans une atmosphère aussi raréfiée, on hésite à descendre pour remonter ensuite à une hauteur de 60 pieds.

Nous nous élevions très lentement, nous reposant, pour ainsi dire à chaque pas. A 3 heures nous arrivâmes un peu au-dessous du rocher qui semble couronner le volcan, la neige était alors tellement meuble, que j'y entrais à mi-corps, on courait le risque, en continuant, d'être enseveli et étouffé. On sentait une odeur très prononcée d'acide sulfureux ; j'éprouvai un vif regret de ne pouvoir descendre dans le cratère. J'ouvris le baromètre, il indiquait une altitude de 5 716 mètres, la température de l'air étant + 2°,1. Je pratiquai dans la neige un trou de un pied de profondeur où je plaçai un thermomètre qui après un quart d'heure marquait 0°, la température de la glace fondante.

Nous descendîmes en une heure ce qui nous avait coûté tant de peine à gravir. A 4 heures un quart, nous étions à la limite inférieure de la neige à l'altitude de 4 804 mètres. (temp. de l'air + 6°,6). A 4 heures et demie, nous arrivâmes à l'endroit où nous avions laissé nos mules. Après une légère collation au pied du volcan, nous retournâmes à Callo, où nous arrivâmes à 7 heures et demie.

J'employai la journée suivante à faire l'étude du terrain ; je reconnus un immense amas de petits fragments de trachyte à l'Impiopongo. On trouve, en approchant du volcan, des morceaux de roche qui semblent avoir été projetés; c'est un trachyte noir et compact; le sol est partout recouvert de débris de trachyte ponceux.

Près d'une petite lagune, j'examinai avec beaucoup d'attention les énormes blocs disséminés sur le terrain, ces *Rumipambas*, qu'une tradition erronée attribuait à une éruption de l'année 1746. La Condamine les avait vus avant cette date. M. Visse a mesuré plusieurs de ces blocs venant probablement du Cotopaxi, le plus gros avait 904 mètres cubes; dans les environs du village de Mulato, il en a compté 54 ayant des volumes variant de 84 à 405 mètres cubes.

Ce ne sont pas des moraines, comme le prétendait M. Visse, qui auraient été poussées en avant par la marche des glaciers. Leur poids énorme ne permet pas de supposer qu'ils aient été lancés par une action volcanique. La conjecture la plus probable est que ces blocs proviennent des sommets des chaînes de montagnes et qu'ils se sont détachés sous l'influence d'un soulèvement.

25 septembre. — Nous partîmes de Callo à 9 heures, à 10 heures nous laissâmes Mulato à

notre gauche et prîmes la route de Latacunga,
où nous arrivâmes à 2 heures.

Tout le fond du bassin de cette ville est un
trachyte passant à la ponce. Toutes les maisons
sont construites avec cette pierre poreuse et
sont pourvues de terrasses. On était surpris de
voir les maçons gravir les échelles avec des
blocs d'un volume énorme.

Latacunga (alt. 2 860 m. ; temp., moy. 15°,6)
a été une ville importante avant sa destruction
par le grand tremblement de terre de 1764. Ce
n'est plus qu'un amas de ruines. La cathédrale
des Jésuites est un monceau de décombres. Les
pans de murailles semblent avoir été renversés
par l'explosion de feux de mines.

A l'est de la ville on remarque la source de
Timbug-Poyo (temp. 17°,8). Dans l'après-midi,
ou apercevait différents nevados.

<pre>
Tungaragua au S.-E.
Buminave. . . N.-E.
Cotopaxi. . . N.-E.
Corazon . . . N.-O.
Ilinissa.. . . N.-O.
</pre>

La Condamine, dans la relation historique de
son voyage à l'Équateur, parle de la lagune de

Quilatoa. De temps à autre elle émettait, disait-
on, des flammes. Il s'y produisait des détonations. Il n'en fallait pas davantage pour engager
La Condamine qui, en 1738, était à Latacunga,
à entreprendre une excursion à la lagune. Il
reconnut, à ce petit lac circulaire un diamètre
de 200 toises, l'eau se tenait à 20 toises au-dessous du bord. En 1831, je visitai aussi Quilatoa,
qu'on ne saurait mieux comparer qu'à un cratère dont le fond contiendrait de l'eau. L'altitude est de 3 920 mètres. Il est dans la région
froide, entouré de pâturages; 500 mètres plus
bas est la bergerie de Piliputzin; à l'est, la
Cordillère est couverte de forêts inexplorées.
Les renseignements que me donnèrent les ber-
gers firent disparaître tout le prestige attribué
au lac. Jamais on n'avait vu de flammes, jamais
on n'avait entendu de détonations. Rien n'était
changé depuis l'excursion de La Condamine. On
assistait à la même scène à un siècle de distance.
Des moutons, un berger et un académicien
français.

Nous arrivâmes le 27 septembre à 6 heures
et demie du soir à l'*hacienda* de Piliputzin
(alt. 3 380 mètres). On nous avait préparé un

souper de circonstance, du mouton et du locro.
Nous partîmes le 28, en suivant la vallée du
Rio Toache, appelé Guanguage, par les Indiens
(alt. 3115 mètres). Ce chemin est bien meilleur
que celui que nous avions pris pour venir. Nous
sortîmes du páramo et, après avoir laissé le
Yana-Urcu (montagne noire) à notre gauche,
nous arrivâmes, bien fatigués à Pugili, et, à
6 heures, à Latacunga. Le lendemain nous allâmes à San Felipe, où se trouvent des exploi-
tations de pierre ponce employée pour la
construction. Je recueillis un grand nombre
d'échantillons dont quelques-uns ont été ana-
lysés par M. Joseph Boussingault.

Dans la ville et dans les environs de Latacunga, il se forme spontanément de grandes
quantités de nitre, toujours là où il y a présence
de matières végétales ou animales. J'y ai installé une fabrique de poudre pour le service de
l'État. La consommation en est toujours considérable, même en temps de paix, à cause des
feux d'artifice qui sont d'usage pour les cérémonies religieuses.

Nous partîmes le 30 de Latacunga pour Ambato, en passant par San Miguel où nous étions à 1 heure et demie (alt. 2786 m., temp. moyenne). Nous traversâmes le Rio Tacunga et arrivâmes à Hambato (alt. 2680 m., temp. moy. 16°,1).

1ᵉʳ décembre. — Le jour suivant nous arrivâmes à 3 heures à Pelilco (alt. 2540 m., temp. moyenne 15°,5). Le 2, de bon matin, nous fûmes visiter la Moja que je décrirai plus tard. Le 3, à 10 heures, nous partîmes de Pelilco, nous dirigeant sur Baños. On m'avait dit que je rencontrerais, près de Tunguravilla, *l'hacienda* de ***, une cavité d'où sortait un gaz qui tuait les animaux. Nous y arrivâmes à midi, Hall et moi, nous nous présentâmes au curé pour obtenir quelques renseignements; le brave moine nous regarda avec étonnement, jugea, d'après nos uniformes, que nous étions incapables de prendre un intérêt quelconque à ce phénomène, et nous tourna le dos. Le colonel Hall en fut profondément humilié. Nous nous dirigeâmes néanmoins vers l'endroit indiqué. Au-dessous d'un tronc d'arbre couché, et presque enterré, il y a une petite cavité, d'où sort de l'acide carbonique. Je constatai qu'il éteignait les corps

en combustion, et plusieurs oiseaux gisaient sur
le sol. Nous avions de la peine à maintenir nos
chevaux. Ce gaz est parfaitement inodore. C'est
un caractère qui le distingue de celui de Tolima,
dans le Quindiú, qui renfermait de l'acide sulfhydrique.

A 2 heures et demie, nous passions le pont pit-
toresque de Cusua, sur la profonde vallée du rio
Achambo, où nous observâmes une remarquable
chute d'eau. Ce pont est formé de deux troncs
d'arbres jetés en travers du lit, à une grande hauteur et reliés avec des bambous pour former le
tablier; il a 14 mètres environ de longueur sur
1^m,50 de largeur. Son altitude est de 2146 mètres
(temp. moy. du lieu : 21°,1). La chute se trouve
un peu en amont. Elle doit avoir 25 à 30 mètres
de hauteur et roule, avec un bruit assourdissant, un volume d'eau supérieur au rio Bogotá.

Nous continuâmes en suivant la rive gauche
du torrent et nous parvînmes au misérable village (*sitio*) de los Baños. (Alt. 1910 m., temp.
moy. 16°,7.)

Le 3, la pluie nous empêcha de partir avant
2 heures pour aller visiter le pont et le *salto*
d'Agozan, où nous étions à 4 heures après avoir

suivi le cours du rio Achambo. Ce pont est encore plus dangereux à traverser que celui de Cusua. Il est à plus de 30 mètres d'élévation, au-dessus du lit de la rivière. Quant au *salto*, l'eau tombe d'environ 60 à 67 mètres de hauteur ; la base de la chute est couverte de vapeurs.

A 7 heures, nous revînmes à Baños, où nous visitâmes la source thermale dont la température est de 50°. Le gaz qui s'en dégage est formé d'acide carbonique mêlé à quelques centièmes d'air.

Le 4, nous quittâmes Baños à 10 heures, une heure plus tard nous étions au pied du Tunguragua, là où s'est fait autrefois un éboulement considérable. Continuant notre marche, nous parvînmes au hameau de Puela. (Alt. 1 418 m.). Pour atteindre ce village, on traverse les débris de trachyte qui entourent la base de Tunguragua. On aperçoit de là la cime couverte de neige du volcan dont la hauteur est de 5200 mètres. J'aurais essayé d'y parvenir, si l'habitude que j'avais de juger des distances ne m'eût fait présumer que l'ascension durerait plusieurs jours. L'alcade de Puela n'était pas de mon avis. Il assurait que j'atteindrais les neiges en quelques heures. Il fit appeler un chargeur de glace qu'il me donna pour guide, un indien idiot, parlant à peine l'espagnol. Sans tenir compte de l'éloignement du volcan. j'avais la certitude qu'il faudrait gravir une verticale de près de 4000 mètres. Je tentai néanmoins l'exploration.

Le lendemain, à 8 heures je partis de Puela. A 10 heures, j'arrivai dans une forêt. La vigueur de la végétation prouvait que nous étions bien au-dessous du niveau inférieur des neiges ; je dis alors à l'indien qu'il fallait retourner au village. Il essaya de me faire comprendre qu'on devait continuer à monter. J'insistai ; le guide disparut en criant : « Monter, glace. » Une demi-heure après, il revint avec de la neige ; le crétin avait raison. Nous étions à une hauteur de 3660 mètres. La neige était tombée du Tunguragua dans l'anfractuosité du Grandisagua formant une longue voûte d'où s'écoulait de l'eau à 4°,4. La masse neigeuse avait une épaisseur de 6 à 7 mètres sur une étendue de 1 kilomètre. Elle s'arrêtait au pied d'un mur formé par des blocs de roches qu'on ne put esca-

lader. Le baromètre indiquait une hauteur de
4 080 mètres.

Le Tunguragua est en activité depuis un
temps immémorial. Une des éruptions les plus
remarquables eut lieu en 1677 (?). En 1669, des
secousses violentes renversèrent presque tous les
édifices de Latacunga et firent périr 12 000 habitants. Les neiges rassemblées dans le Grandisagua rappellent tout à fait les glaciers des
Alpes et des Pyrénées, avec cette différence que,
probablement, en raison de la constance de la
température, ce glacier est stable et ne se meut
pas comme les glaciers d'Europe, en suivant
les lignes de pente et poussant les moraines en
avant.

Continuant notre marche vers le sud, nous
passâmes par la vallée de Pessipe, où l'on
remarque le grand pont suspendu, établi par
les Incas. A 3 heures, nous traversâmes le rio
Blanco, qui descend du Condorato et, à 8 heures
nous atteignîmes Riobamba Nueva. J'avais
deux intérêts à m'arrêter dans cette localité ;
l'étude des grands phénomènes volcaniques qui
se sont produits sous l'Équateur, et les dispositions à prendre pour l'ascension du Chimborazo.

Avant la conquête, Riobamba Nueva avait été
la résidence des souverains. Les Incas y avaient
élevé un palais, un temple du soleil; la
population dépassait, assure-t-on, 20000 habitants.

Le 4 février 1795, à 7 h. 45 du matin, la terre
trembla et la ville fut détruite complètement.
D'après un document officiel, il y eut 12 563 victimes, parmi lesquelles on compta 48 prêtres
et religieux. Au moment où Riobamba fut renversée par le mouvement du sol et la chute
du pic de Zicalpa, un fait curieux se passait à quelques milles au sud, à l'altitude de
2 540 mètres. Des matières boueuses surgirent
pendant plusieurs jours de la source de Pelileo
pour aller se jeter dans le rio Patate, entraînant sur leur passage plusieurs habitations.

Durant le xvie siècle, près de l'Équateur, les
Andes furent fortement ébranlées. Le 27 octobre 1660, d'après Burton, à 8 heures du
matin, Quito fut dans le plus grand péril. On
entendait de nombreux craquements; des
flammes sortaient du Rucu Pichincha, une pluie
de cendres tombait sur la ville; le terrain re-
mua pendant plusieurs heures. On allait dans

les rues avec des lumières qui n'éclairaient que
les objets voisins ; des oiseaux, suffoqués tombaient sur le sol.

En 1768, le 15 août, la terre fut agitée à
Quito. A 1 heure du matin on entendit un bruit
sourd ; les cloches sonnaient. Après les premiers
instants de stupeur, la population se précipita
hors des maisons ; les églises de Saint-Augustin,
des Carmes, de Santa-Clara étaient endomma-
gées. On apprit que Imbabura était renversée.
L'émigration devint générale. On estime à 9 ou
10 000 le nombre des morts.

Dans les Andes, on est dans cette opinion que
le sol n'oscille plus quand il a été fortement
agité ; mais, comme l'a dit de Humboldt, c'est
dans la ville de Riobamba, rebâtie en 1798, sur
la plaine de Tápia, qu'on peut saisir un revirement de l'opinion populaire. De violentes
secousses, des craquements, le bruit de tonnerre souterrain se succédaient. C'était la première agitation constatée en ce lieu. Elle suffit
pour ruiner la confiance sur laquelle on avait
basé la résolution de rebâtir la ville.

ASCENSION SUR LE CHIMBORAZO (1831)

Après dix ans de travaux assidus, j'avais réalisé les projets de jeunesse qui me conduisirent dans le Nouveau Monde. La hauteur du baromètre avait été déterminée dans le port de la Guayra. La position géographique des principales villes de Venezuela et de la Nouvelle-Grenade se trouvait fixée. De nombreux nivellements faisaient connaître le relief des Cordillères. J'emportais les données les plus précises sur les gisements d'or et de platine d'Antioquia et du Choco. Enfin, mon laboratoire avait été successivement établi dans les cratères des volcans voisins de l'Équateur; et j'avais été assez heureux pour continuer mes recherches sur le décroissement de la chaleur dans les Andes intertropicales jusqu'à l'énorme hauteur de 5500 mètres.

Je me trouvais à Riobamba, me reposant de mes dernières excursions au Cotopaxi et au Tunguragua. Je voulais contempler à mon aise, rassasier pour ainsi dire ma vue de ces glaciers majestueux qui m'avaient procuré si souvent les émotions de la science et auxquels je devais bientôt dire un éternel adieu.

Riobamba est peut-être le plus singulier diorama de l'univers. La ville n'a rien de remarquable en elle-même. Elle est placée sur un de ces plateaux arides, si communs dans les Andes, et qui ont tous, à cette grande élévation, un aspect hibernal caractéristique, qui imprime au voyageur une certaine sensation de tristesse. Sans doute c'est que, pour y parvenir, on passe d'abord par les sites les plus pittoresques et c'est toujours à regret que l'on quitte le climat des tropiques pour les frimas du nord.

De la maison que j'habitais, je pouvais relever le Capac-Urcu, le Tunguragua, le Cubilli, le Cargairagua, et, enfin, au nord, le Chimborazo, puis encore plusieurs autres montagnes célèbres, des *páramos* qui sans avoir des neiges éternelles, n'en sont pas moins dignes de l'intérêt du géologue.

C'est un sujet continuel d'observations variées que ce vaste amphithéâtre de neiges qui limite de toutes parts l'horizon du Riobamba. Il est curieux d'observer l'aspect de ces glaciers aux différentes heures du jour, de voir leur hauteur apparente varier d'un moment à l'autre par l'effet des réfractions atmosphériques. Avec quel intérêt ne voit-on pas se produire, dans un espace aussi circonscrit, tous les grands phénomènes de la météorologie ! Ici, c'est un de ces nuages immenses en largeur, que Saussure a si bien définis par le nom de nuages *parasites*, qui vient s'attacher à la partie moyenne d'un trachyte, il y adhère ; le vent qui souffle avec force ne peut rien sur lui. Bientôt la foudre éclate au milieu de ces masses de vapeur ; de la grêle, mêlée de pluie, inonde la base de la montagne, tandis que son sommet neigeux, que l'orage n'a pu atteindre, est vivement éclairé par le soleil. Plus loin, c'est une cime élancée de glace resplendissante de lumière. Elle se dessine nettement sur l'azur du ciel ; on en distingue tous les contours, tous les accidents ; l'atmosphère est d'une pureté remarquable, et, cependant cette cime de neige se couvre d'un nuage qui semble émaner de son sein : on croirait en voir sortir de la fumée. Ce nuage n'offre déjà plus qu'une légère vapeur ; il disparaît bientôt. Mais bientôt aussi il se reproduit, pour disparaître encore. Cette formation intermittente des nuages est un phénomène très fréquent sur le sommet des montagnes couvertes de neige. On l'observe principalement dans les temps sereins, toujours quelques heures après la culmination du soleil. Dans ces conditions, les glaciers peuvent être comparés à des condensateurs lancés vers les hautes régions pour dessécher l'air en le refroidissant et ramener ainsi, à la surface de la terre, l'eau qui s'y trouve contenue à l'état de vapeur.

Ces plateaux entourés de glaciers présentent quelquefois l'aspect le plus lugubre : c'est quand un vent soutenu y apporte l'air humide des régions chaudes. Les montagnes deviennent invisibles ; l'horizon est masqué par une ligne de nuages qui semblent toucher la terre. Le jour est froid et humide, car cette masse de vapeur est presque impénétrable à la lumière solaire. C'est un long crépuscule, le seul que l'on connaisse entre les tropiques, car, sous la zone équatoriale, la nuit succède subitement au jour : on dirait que le soleil s'éteint en se couchant.

Je ne pouvais mieux terminer mes recherches sur les trachytes des Cordillères que par une étude spéciale du Chimborazo. Pour l'étudier, il suffisait, à la vérité, de s'approcher de sa base; mais ce qui m'a fait franchir la limite des neiges, ce qui, en un mot, a déterminé mon ascension, ce fut l'espoir d'obtenir la température moyenne d'une station extrêmement élevée. Et, bien que cet espoir ait été frustré, l'excursion, je l'espère, ne restera pas, néanmoins, sans utilité.

J'expose ainsi les raisons qui m'ont conduit sur le Chimborazo, parce que je n'approuve pas les expéditions périlleuses sur les montagnes, quand elles ne sont pas entreprises dans un intérêt scientifique. Aussi, malgré les ascensions multipliées faites sur les montagnes depuis l'époque de Saussure, ce savant célèbre est encore le seul qui ait publié des résultats importants. Quant à ses imitateurs, nous ne leur devons absolument rien, puisqu'ils n'ont rien rapporté qui justifiât les dangers de leur entreprise.

Mon ami, le colonel Hall, qui m'avait déjà accompagné sur le sommet de l'Antisana et du

Cotopaxi, voulut bien encore s'adjoindre à moi pour cette expédition, afin d'augmenter les nombreuses données qu'il possédait déjà sur la topographie de la province de Quito et continuer ses recherches sur la géographie des plantes.

De Riobamba, le Chimborazo présente deux pentes d'une inclinaison très différente. L'une, celle qui regarde l'Arenal, est très abrupte, et l'on voit sortir de dessous la glace de nombreux pics de trachyte. L'autre, qui descend vers le site appelé Chillapulcu, non loin de Mocha, est, au contraire, peu inclinée, mais d'une étendue considérable. Après avoir bien examiné les environs de la montagne, ce fut par cette pente que nous résolûmes de l'attaquer.

Le 14 décembre 1831, nous allâmes prendre gîte dans la métairie du Chimborazo. Nous fûmes assez heureux de trouver de la paille sèche pour coucher et quelques peaux de moutons pour nous garantir du froid. La métairie se trouve à 3 800 mètres de hauteur; les nuits sont fraîches et son séjour d'autant plus désagréable que le bois y est fort rare. Nous étions déjà dans cette région des graminées,

pajonales, que l'on traverse avant d'arriver à la
limite des neiges perpétuelles. C'est là que finit
la végétation ligneuse.

Le 15 décembre, à 7 heures du matin, nous
nous mîmes en route, guidés par un indien de
la métairie. Les indiens des plateaux sont généralement de très mauvais guides. Comme ils
s'élèvent rarement à la limite des neiges, ils
n'ont qu'une connaissance très imparfaite des
chemins qui conduisent à la cime des glaciers.

Nous suivîmes, en le remontant, un ruisseau
encaissé entre deux murs de trachyte. Bientôt
nous quittâmes cette crevasse pour nous diriger vers Mocha, en longeant la base du Chimborazo. Nous nous élevions insensiblement; nos
mulets marchaient avec peine au milieu des
débris de roche qui sont accumulés au pied de la
montagne. La pente devenant très rapide, le sol
était meuble; et les mulets s'arrêtaient presque
à chaque pas pour faire une longue pause; ils
n'obéissaient plus à l'éperon. La respiration de
ces animaux était précipitée, haletante. Nous
étions alors précisément à la hauteur du Mont-
Blanc, car le baromètre indiqua une élévation

de 4808 mètres au-dessus du niveau de la mer.

Après nous être couvert le visage avec des masques de taffetas léger, nous commençâmes à gravir une arête qui aboutit à un point déjà très élevé du glacier. Il était midi; nous montions lentement, et à mesure que nous nous engagions sur la neige, la difficulté de respirer en marchant se faisait de plus en plus sentir. Nous rétablissions aisément nos forces en nous arrêtant, sans toutefois nous asseoir, tous les huit à dix pas. A hauteur égale, je crois avoir remarqué que l'on respire plus difficilement sur la neige que lorsqu'on se trouve sur un rocher. Je chercherai plus loin à en donner l'explication.

Nous atteignîmes bientôt un rocher noir qui s'élevait au-dessus de l'arête que nous suivions. Nous continuâmes encore à nous élever pendant quelques instants, mais non sans éprouver beaucoup de fatigue, occasionnée par le peu de consistance d'un sol neigeux qui s'affaissait sans cesse sous nos pas, et dans lequel nous enfoncions quelquefois jusqu'à la ceinture. Malgré tous nos efforts, nous fûmes bientôt convaincus

de l'impossibilité de pousser en avant; en effet,
un peu au delà de la roche noire, la neige meuble avait plus de quatre pieds de profondeur.
Nous allâmes nous reposer sur un bloc de trachyte qui ressemblait à une île au milieu d'une
mer de neige. Nous étions à 5115 mètres
d'élévation. La température de l'air était de
2°,9. Il était 1 heure et demie. Ainsi, après beaucoup de fatigues, nous nous étions seulement
élevés de 307 mètres au-dessus du point où
nous avions mis pied à terre. Je remplis, à
cette station, une bouteille avec de la neige,
dans le but de pouvoir faire un examen chimique de l'air renfermé dans ses pores. On
verra bientôt dans quel but j'entreprenais cette
recherche.

En quelques instants, nous étions descendus
là où nous avions laissé nos mulets, J'employai
quelques moments à examiner cette partie de la
montagne, en géologue, et à recueillir une suite
de roches. À 3 heures et demie, nous nous mîmes
en route. À 6 heures, nous étions rendus à la
métairie. Le temps avait été magnifique. Jamais
le Chimborazo ne nous parut aussi majestueux;
mais après notre course infructueuse, nous ne

pouvions le regarder sans un sentiment de dépit.

Nous résolûmes de tenter l'ascension par le côté abrupt, c'est-à-dire par la pente qui regarde l'Arenal. Nous savions que c'était par ce côté que M. de Humboldt s'était élevé sur cette montagne. On nous avait bien montré, de Riobamba, le point où il était parvenu; mais il nous fut impossible d'obtenir des renseignements exacts sur la route qu'il avait suivie pour y arriver. Les indiens qui avaient accompagné cet intrépide voyageur n'existaient plus.

Il était sept heures quand, le lendemain, nous prenions la route de l'Arenal. Le ciel était d'une pureté remarquable. A l'est, nous apercevions le fameux volcan de Sanyay, placé dans la province de Machas et que, près d'un siècle auparavant, La Condamine avait vu dans un état d'incandescence permanent. A mesure que nous avancions, le terrain s'élevait d'une manière sensible. En général, les plateaux trachytiques qui supportent les pics isolés dont les Andes sont comme hérissées, se relèvent peu à peu vers la base de ces pics. Les crevasses nombreuses et profondes qui sillonnent ces plateaux semblent toutes diverger d'un centre commun ; elles se rétrécissent en même temps qu'elles s'éloignent de ce centre. On ne saurait mieux les comparer qu'à ces fentes que l'on remarque à la surface d'un verre étoilé.

A 9 heures, nous fîmes halte pour déjeuner à l'ombre d'un énorme bloc de trachyte, auquel nous donnâmes le nom de Pedron del Almuerzo. Je fis là une observation barométrique parce que j'avais l'espoir d'y observer également vers 4 heures après midi, afin de connaître, à cette élévation, la variation diurne du baromètre. Le Pedron est élevé de 4,335 mètres. Nous dépassâmes, sur nos mulets, la limite des neiges. Nous étions à 4,945 mètres de hauteur quand nous mîmes pied à terre. Le terrain devint alors tout à fait impraticable aux mulets. Ils paraissaient chercher à nous faire comprendre la lassitude qu'ils éprouvaient ; leurs oreilles, ordinairement si droites et si attentives, étaient abattues. Pendant des haltes fréquentes, ils ne cessaient de regarder vers la plaine. Peu d'écuyers ont conduit leurs montures à une telle élévation.

Après avoir examiné la localité dans laquelle

nous nous étions placés, nous reconnûmes que, pour gagner une arête allant vers le sommet de Chimborazo, nous devions d'abord gravir une pente excessivement rapide, formée, en grande partie, de blocs de roches de toutes grosseurs, disposés en talus; çà et là, ces fragments trachytiques étaient recouverts par des nappes de glace. On voyait clairement que ces débris reposaient sur de la neige durcie. Ces éboulements, fréquents au milieu des glaciers, sont à redouter, car on a là des avalanches dans lesquelles il entre réellement plus de pierres que de neige.

Il était 10 heures trois quarts quand nous avions laissé nos mulets. Tant que nous marchions sur les rochers, nous n'éprouvions pas de grandes difficultés; on aurait dit que nous montions un escalier en mauvais état; ce qu'il y avait de pénible, c'était l'attention soutenue pour choisir la pierre sur laquelle on poserait le pied. Nous reprenions haleine après six ou huit pas, mais sans nous asseoir, et souvent même ce repos était utilisé à tailler des échantillons géologiques. Mais aussitôt que nous atteignions une surface neigeuse, la chaleur du soleil devenait

suffocante, notre respiration pénible, et, par
conséquent nos repos plus fréquents, parce
qu'ils étaient plus nécessaires.

A 11 heures trois quarts, nous achevions de traverser une nappe de glace assez étendue, sur laquelle on avait pratiqué des entailles. Ce passage
présentait un danger. Une glissade eût coûté la
vie. Nous entrâmes de nouveau sur des débris
de trachyte. C'était pour nous la terre ferme, et,
dès lors, il nous fut permis de nous élever assez
rapidement. Nous marchions en file, moi
d'abord, puis le colonel Hall ; mon nègre venait
ensuite. Il suivait exactement nos pas, afin de
ne pas compromettre la sûreté des instruments.
Nous gardions un silence absolu pendant la
marche. L'expérience m'ayant enseigné que
rien n'exténuait autant qu'une conversation au
grand air ; pendant nos haltes, si nous échan-
gions quelques paroles, c'était presque à voix
basse. C'est en grande partie à cette précaution
que j'attribue l'état de santé dont j'ai constamment joui pendant mes excursions sur les volcans. Cette précaution salutaire, je l'imposais,
pour ainsi dire, d'une manière despotique à
mes compagnons et, sur l'Antisana, un indien,

pour l'avoir négligée, en appelant de toute la
force de ses poumons le colonel Hall, pendant
que nous traversions un nuage, fut atteint de
vertige et eut un commencement d'hémorrhagie.

Bientôt nous eûmes atteint l'arête que nous
devions suivre. Cette arête n'était pas telle que
nous l'avions jugée dans le lointain; elle ne
portait, à la vérité, que peu de neige, mais elle
présentait des escarpements difficiles à escalader. Il fallut faire des efforts inouïs, et la gym-
nastique est pénible dans ces régions aériennes.
Enfin, nous arrivâmes auprès d'un mur de trachyte, coupé à pic, ayant plusieurs centaines
de mètres de hauteur. Il y eut un moment visible de découragement quand le baromètre
nous eut appris que nous étions seulement à
5 680 mètres d'élévation. C'était peu pour nous,
car ce n'était même pas la hauteur à laquelle
nous étions sur le Cotopaxi. D'ailleurs, de
Humboldt avait gravi plus haut sur le Chimborazo. Les explorateurs de montagnes, lorsqu'ils
sont découragés, sont toujours fort disposés à
s'asseoir. C'est ce que nous fîmes à la station
de la Peña Colorada (Rocher-Rouge). C'était le
premier repos assis que nous nous permettions.

Nous avions tous une soif excessive : aussi notre première occupation fut-elle de sucer des glaçons.

A midi 3/4, nous ressentions un froid assez vif : 0°,4. Nous nous trouvions alors dans un nuage. L'hygromètre à cheveu indiquait 91° 1/2. Le nuage s'était dissipé ; l'hygromètre se fixa à 84°. Une humidité aussi forte paraîtra extraordinaire à une telle élévation. C'est cependant ce que j'ai souvent observé sur les glaciers des Andes, et cela me paraît s'expliquer tout naturellement.

Durant le jour, la surface des neiges est ordinairement humide. Le rocher de la Peña Colorada, par exemple, était tout mouillé ; l'air ambiant, près du glacier, pouvait donc être saturé de vapeur aqueuse. Sur le Mont Blanc, Saussure vit son hygromètre se tenir entre 59° et 51°, la température variant de 0°,5 à — 2°,3 Réaumur. Or, il n'est pas rare de rencontrer, au niveau même de la mer, un semblable état hygrométrique de l'atmosphère. Dans les Cordillères, les grandes sécheresses s'observent sur les plateaux de 2000 à 3500 mètres. A Quito et à Santa Fé de Bogota, on a vu, comme je l'ai déjà signalé, l'hygromètre de Saussure descendre à 26°.

Les accidents qu'on éprouve sur les glaciers, l'altération, souvent si profonde, de la peau du visage, ne sauraient donc, selon moi, provenir uniquement de l'extrême sécheresse de l'air. Cette altération paraît due en partie à l'action d'une trop vive lumière, puisque, pour garantir la peau de toute gerçure, il suffit de se couvrir la figure d'un simple crêpe de couleur. Il est évident qu'un tissu aussi léger ne peut garantir la peau du contact de l'air ; mais il suffit pour atténuer la forte lumière. On m'a assuré qu'il suffirait de se noircir la figure pour la défendre de cette action fâcheuse de la lumière ; je suis d'autant plus disposé à le croire que mon nègre, sur l'Antisana, eut, comme moi, pour avoir négligé de se masquer, une inflammation terrible aux yeux. Toutefois, l'épiderme de son visage ne fut point attaqué, tandis que, chez moi, il fut complètement détruit.

Lorsque le nuage dans lequel nous étions fut dissipé, nous examinâmes notre situation. En regardant le Rocher-Rouge, nous avions à notre droite un abîme épouvantable ; à gauche, vers l'Arénal, on distinguait une roche avancée ressemblant à un belvédère. Il fallait y parvenir, afin de reconnaître s'il était possible de tourner le Rocher-Rouge. L'accès paraissait difficile. J'y parvins cependant avec l'aide de mes deux compagnons. Je reconnus alors que, si nous pouvions gravir une surface de neige très inclinée s'appuyant sur une paroi du rocher opposée au côté où nous avions abordé, nous pourrions atteindre une élévation plus considérable. Pour se faire une idée assez nette de la topographie du Chimborazo, qu'on se figure un immense rocher soutenu de tous côtés par des arcs-boutants. Les arêtes sont les arcs-boutants qui, partant de la plaine, semblent s'appuyer sur cet énorme bloc pour l'étayer.

Avant d'entreprendre ce passage dangereux, j'ordonnai à mon nègre d'aller *essayer* la neige. Elle était d'une consistance convenable. Hall et le nègre réussirent à tourner le pied de la position que j'occupais ; je me réunis à eux lorsqu'ils furent convenablement établis pour me recevoir ; car, pour les rejoindre, il fallut descendre en glissant sur environ 25 pieds de glace. Au moment de nous remettre en marche, une pierre se détacha du haut de la montagne et vint tomber tout près du colonel Hall ; il chan-

cela et fut renversé. Je le crus· blessé et ne fus
rassuré que lorsque je le vis se relever et examiner avec sa loupe l'échantillon de roche si
brutalement soumis à son investigation. Ce trachyte était identique à celui sur lequel nous
marchions.

Nous avancions avec précaution. A droite,
nous pouvions nous appuyer sur le rocher; à
gauche, la pente était effrayante; et, avant de
nous engager en avant, nous commençâmes par
bien nous familiariser avec le précipice. C'est
une précaution qu'on ne doit jamais négliger
dans les montagnes, toutes les fois que l'on doit
passer un endroit dangereux. Saussure l'a dit
depuis longtemps; mais on ne saurait trop le
répéter; et, dans mes courses aventureuses sur
les sommets des Andes, je n'ai jamais perdu de
vue ce sage précepte.

Nous commencions déjà à ressentir, plus que
nous ne l'avions jamais éprouvé, l'effet de la
raréfaction de l'air. Nous étions forcés de nous
arrêter tous les deux ou trois pas et souvent
même de nous coucher pendant quelques secondes. Une fois assis, nous nous remettions à
l'instant même; notre souffrance n'avait lieu que

pendant le mouvement. La neige présenta bientôt une consistance qui rendit notre marche aussi lente que dangereuse : il n'y avait guère que 3 ou 4 pouces de neige molle ; au-dessous, se trouvait une glace très dure et glissante ; nous fûmes obligés de faire des entailles dans cette glace afin d'assurer nos pas. Le nègre allait en avant pour pratiquer les échelons. Ce travail l'épuisait en un moment. En voulant passer devant lui pour le relever, je glissai, quand, heureusement, je fus retenu avec force par Hall et mon nègre. Pendant un instant nous courûmes tous trois un danger imminent. Cet incident nous fit hésiter un moment ; puis, reprenant courage, nous résolûmes de continuer. La neige devint plus favorable ; nous fîmes un dernier effort et, à 1 h. 3/4, nous étions sur l'arête tant désirée. Là, nous fûmes convaincus qu'il était impossible de faire plus : nous nous trouvions au pied d'un prisme de trachyte dont la base supérieure, recouverte d'une coupole de neige, forme le sommet du Chimborazo.

L'arête sur laquelle nous étions parvenus avait seulement quelques pieds de largeur ; de toutes parts, nous étions environnés de préci-

pices. Nos alentours offraient les accidents les
plus bizarres. La couleur foncée de la roche
contrastait de la manière la plus tranchée avec
la blancheur éblouissante de la neige. De
longues stalagmites de glace paraissaient suspendues sur nos têtes : on eût dit une magnifique cascade qui venait de se geler ; le temps
était admirable, on apercevait seulement quelques petits nuages à l'ouest ; l'air était d'un
calme parfait ; notre vue embrassait une étendue
immense ; la situation était nouvelle, nous éprouvions une satisfaction des plus vives.

Nous étions à 6004 mètres de hauteur absolue. C'est, je crois, la plus grande élévation à
laquelle les hommes se soient encore élevés sur
les montagnes.

À 2 heures, le mercure se soutenait dans le
baromètre à 371 ^{mm}, 1 (13 pouces, 5 lignes 1/2) ;
le thermomètre du baromètre était à 7°,8. À
l'ombre d'un rocher, le thermomètre libre indiqua également 7°,8. Je cherchai, mais en vain,
une caverne dans laquelle je pusse prendre la
température moyenne de la station. À 1 pied
sous la neige, le thermomètre marquait 0° ; mais
cette neige était en état de fusion et l'instrument

devait évidemment signaler la température de
la glace fondante.

Après quelques instants de repos, nous nous
trouvâmes entièrement remis de nos fatigues.
Aucun de nous n'éprouva les accidents qu'ont
ressentis la plupart des personnes qui se
sont élevées sur les hautes montagnes. Trois
quarts d'heure après notre arrivée, mon pouls,
comme celui du colonel Hall, battait 106 pulsations dans une minute. Nous avions soif; nous
étions évidemment sous une certaine influence
fébrile; cet état n'était nullement pénible. La
gaîté de mon ami était expansive; il ne cessait
de dire les choses les plus piquantes, tout occupé qu'il était à dessiner ce qu'il appelait l'En-
fer de glace. L'intensité du son était atténuée
d'une manière remarquable. La voix de mes
compagnons était tellement modifiée que, dans
toute autre circonstance, il m'eût été impossible
de la reconnaître. Le peu de bruit que produisaient les coups de marteau frappés à coups
redoublés sur la roche nous causait aussi beaucoup d'étonnement. La raréfaction de l'air produit généralement, chez les personnes qui gra-
vissent les hautes montagnes, des effets très

marqués. Sur la cime du Mont Blanc, Saussure sentit un malaise, une disposition au mal de cœur. Ses guides, tous habitants de Chamonix, éprouvèrent la même sensation. Cet état de malaise augmentait encore lorsqu'il prenait un peu de mouvement ou qu'il fixait son attention, en observant ses instruments. Les premiers Espagnols qui s'élevèrent sur les hautes montagnes de l'Amérique furent atteints, au rapport d'Acosta, de nausées et de maux d'entrailles. Bouguer eut plusieurs hémorrhagies dans les Cordillères de Quito ; le même accident arriva sur le Mont Rose à M. Zumstein ; enfin, sur le Chimborazo, de Humboldt et Bonpland, lors de leur ascension du 23 juin 1802, ressentirent des envies de vomir, et le sang sortit de leurs lèvres et de leurs gencives. Quant à nous, nous avions, à la vérité, éprouvé de la difficulté à respirer, une lassitude extrême pendant que nous nous élevions ; mais ces inconvénients cessèrent avec le mouvement ; une fois en repos, nous croyions être dans notre état normal ; peut-être faut-il attribuer la cause de notre insensibilité aux effets de l'air raréfié, à notre séjour prolongé dans les villes élevées des Andes. Quand on a vu le mouvement qui a lieu dans des villes comme Bogota, Micupampa, Potosi, à des hauteurs de 2 600 à 4 000 mètres ; quand on a été témoin de la force et de la prodigieuse agilité des toréadors dans les combats de taureaux à Quito, à 3 000 mètres, quand on a vu, enfin, des femmes jeunes et délicates se livrer à la danse pendant des nuits entières dans des localités aussi élevées que le Mont Blanc, là où Saussure trouvait à peine assez de force pour consulter ses instruments, et où de vigoureux montagnards tombaient en défaillance en creusant un trou dans la neige ;... si j'ajoute encore qu'un combat célèbre, celui de Pichincha, s'est donné à une hauteur peu différente de celle du Mont Rose, on accordera, je pense, que l'homme peut s'accoutumer à respirer l'air raréfié des plus hautes montagnes.

Dans toutes les excursions que j'ai entreprises dans les Cordillères, j'ai toujours éprouvé, à hauteur égale, une sensation infiniment plus pénible en gravissant une pente couverte de neige qu'en m'élevant sur une roche nue. Nous avons beaucoup plus souffert en escaladant le Cotopaxi qu'en montant sur le Chimborazo ;

c'est que sur le Cotopaxi, nous sommes restés constamment sur la neige.

Les indiens de l'Antisana nous assuraient aussi qu'ils éprouvaient un étouffement (*ahogo*. lorsqu'ils marchaient pendant longtemps sur une plaine neigeuse et j'avoue qu'en considérant bien les incommodités auxquelles Saussure et ses guides furent exposés en bivouaquant sur le Mont Blanc, à une hauteur de 4 000 mètres, je suis disposé à les attribuer, au moins en partie, à l'action encore inconnue de la neige. En effet, ce bivouac n'atteignait même pas la hauteur des villes de Caxamarca et de Potosi.

Sur les hautes montagnes du Pérou, dans les Andes de Quito, les voyageurs et les mulets éprouvent quelquefois, et presque subitement, une très grande difficulté à respirer; on assure avoir vu des animaux tomber dans un état voisin de l'asphyxie. Cet effet n'est pas constant; dans beaucoup de cas, il paraît indépendant de la raréfaction de l'air. On l'observe surtout lorsque des neiges abondantes couvrent les montagnes, et que le temps est calme.

C'est peut-être ici le lieu de remarquer que Saussure se trouvait soulagé des incommodités qu'il ressentait sur le Mont Blanc lorsqu'une légère brise se faisait sentir. En Amérique, on désigne sous le nom de *soroche* cet état météorologique qui affecte fortement les organes de la respiration. *Soroche*, dans la langue des mineurs américains, signifie de la *pyrite ;* le nom indique assez que l'on attribue cet état à des exhalaisons souterraines. Ce n'est pas impossible.

La suffocation que j'ai éprouvée plusieurs fois en gravissant sur la neige frappée par les rayons du soleil, m'a fait supposer qu'il pouvait s'en dégager, par l'action de la chaleur, de l'air sensiblement vicié. Ce qui me soutenait dans cette idée singulière, c'était une ancienne expérience de Saussure par laquelle il crut reconnaître que l'air, dégagé de la neige, contenait moins d'oxygène que celui de l'atmosphère. L'air, soumis à l'examen, avait été recueilli dans les interstices de la neige du Col du Géant. L'analyse en fut faite par Sennebier au moyen du gaz nitreux et en opérant comparativement avec de l'air de Genève.

Depuis fort longtemps, j'avais le désir de répéter cette expérience, car, en supposant qu'elle fût exacte, en admettant que l'air emprisonné

dans la neige des montagnes contînt moins
d'oxygène que l'air ordinaire, on concevrait
comment cet air impur, dégagé par la chaleur
du soleil, pouvait, en se répandant dans
l'atmosphère, incommoder les personnes exposées à le respirer.

Dans cette vue, je remplis une bouteille avec
de la neige, sur la station de Chillapullu. Lorsque
nous arrivâmes à la métairie de Chimborazo, la
neige était totalement fondue ; l'eau occupait environ 1/8 de la capacité de la bouteille ; les 7/8 de
cette capacité étaient conséquemment occupés
par l'air provenant en grande partie de la neige.
J'essayai cet air, avec beaucoup de soin, au
moyen de l'eudiomètre à phosphore. 82 parties
ont laissé pour résidu 68 parties d'azote. Ainsi
14 parties d'oxygène avaient disparu ; il ne restait, pour 100 d'air, que 16 d'oxygène.

Le résultat eudiométrique obtenu est à l'abri
d'une sérieuse objection.

Dans les hautes montagnes, les physiciens
ont vu que la couleur bleue du ciel paraît d'autant plus intense qu'on est à une plus grande
élévation. Sur le Mont Blanc, Saussure vit le
ciel sous la couleur bleu de roi la plus foncée :

et, pendant la nuit, dans un de ses bivouacs, la lune « brillait du plus vif éclat au milieu d'un ciel d'un noir d'ébène ». Sur le col du Géant, l'intensité de la couleur du ciel était encore très marquée. Saussure avait imaginé un instrument, le cyanomètre, pour rendre comparables les observations de ce genre. Sur notre station du Chimborazo, le ciel était, à notre arrivée, d'une pureté remarquable ; il ne nous parut pas avoir une teinte plus foncée qu'à Quito. Cependant, comme j'ai eu, à une moindre élévation, l'occasion de voir le ciel presque complètement noir, je rapporterai simplement les faits tels que je les ai enregistrés.

Ainsi, sur le Tolima, le ciel avait sa teinte ordinaire. J'étais à 4 686 mètres, par conséquent un peu au-dessous des neiges.

Sur le volcan de Cumbal, le ciel parut d'un bleu indigo extrêmement foncé. J'étais alors entouré de neige ; la coupole du volcan est terminée par une couronne de glace.

Lors de mon ascension sur l'Antisana, avant d'atteindre la neige, le ciel avait sa couleur ordinaire ; mais une fois que je fus sur la grande plaine de glace, il me sembla noir comme de l'encre. Cette teinte fut, pour mon nègre, un sujet de consternation. Le soir, nous fûmes tous deux atteints d'une inflammation aux yeux ; nous étions aveugles pendant plusieurs jours.

Enfin, quand je montai sur le Cotopaxi, je m'étais muni, ainsi que mon compagnon, de bésicles à verres colorés ; lorsque, après avoir marché pendant 5 heures sur la neige, nous nous arrêtâmes à 5 719 mètres, le ciel, regardé à l'œil nu, ne nous sembla pas plus foncé que celui de la plaine. Comme sur le Chimborazo, nous reconnûmes là notre ciel de Riobamba et de Quito.

Je ne prétends cependant pas nier que la couleur du ciel paraisse réellement plus foncée sur les hautes montagnes qu'au niveau de la mer. Je n'avais pas de cyanomètre ; je suis d'ailleurs tout à fait disposé à admettre les résultats généraux obtenus par Saussure à l'aide de cet instrument.

Les montagnards qui accompagnèrent de Saussure dans sa mémorable ascension sur le Mont Blanc, prétendent avoir vu des étoiles en plein jour. C'était à la montée qui conduisait à la cime du glacier, Saussure lui-même ne les vit pas; mais il ne conserva aucun doute sur l'assertion unanime de ses guides. Sur les montagnes des Andes, je me suis élevé à des hauteurs considérables; je n'ai pu apercevoir les étoiles pendant le jour.

Sur le Chimborazo, le ciel s'était maintenu au beau. Vers 3 heures, nous aperçûmes quelques nuages, dans la plaine; le tonnerre gronda bientôt au-dessous de notre station, un bruit peu intense, que nous prîmes pour celui d'un *bramido*, un rugissement souterrain. Des nuages obscurs ne tardèrent pas à entourer la base de la montagne; ils s'élevaient vers nous avec lenteur. Nous n'avions pas de temps à perdre, car, pour descendre, il fallait passer les mauvais pas avant d'être envahis; autrement nous eussions couru les plus grands dangers. Une chute abondante de neige ou une gelée suffisaient pour empêcher notre retour, et nous n'avions aucune provision.

La descente fut pénible. Après nous être abaissés de 300 à 400 mètres, nous pénétrâmes dans les nuages; un peu plus bas, il commença à tomber du grésil refroidissant l'air et, au moment où nous retrouvâmes l'indien gardien de

nos mulets, le nuage lança une grêle assez
grosse pour nous faire éprouver une sensation
douloureuse.

A 4 heures 3/4, j'ouvris mon baromètre au
Pedron :

<pre>
Le matin l'instrument se tenait à   457^m/^m,6
A 4 h. 3/4 je trouvai. . . . . . .   458^m/^m,2
Thermomètre, le matin. . . sol.   10°,6 air 5°,6
        —   soir. . . . . —   4°,8 — 3°,9
</pre>

La variation diurne avait eu lieu en sens
inverse.

A mesure que nous descendions, une pluie
glaciale se mêlait à la grêle. La nuit nous surprit. A 8 heures, nous entrâmes dans la métairie du Chimborazo.

Les observations recueillies pendant cette
excursion tendent toutes à confirmer les idées
émises d'ailleurs sur la nature des montagnes
trachytiques formant la crête des Cordillères,
car j'ai vu se répéter sur le Chimborazo tous les
faits déjà signalés sur les volcans de l'Équateur;
comme le Cotopaxi, l'Antisana, le Tunguragua,
et, en général, les montagnes dont les plateaux
des Andes sont hérissés, la masse du Chimborazo est formée par l'accumulation de débris

trachytiques amoncelés sans aucun ordre. Ces fragments, d'un volume souvent énorme, ont été soulevés à l'état solide; leurs angles sont tranchants; rien n'indique qu'il y ait eu fusion, ou même simple état de mollesse. Nulle part, dans aucun des volcans de l'Équateur, on n'observe une coulée de lave. Il n'est jamais sorti de ces cratères que des déjections boueuses, des fluides élastiques ou des blocs incandescents plus ou moins scoriliés, lancés souvent à de grandes distances.

La base du Chimborazo est un plateau étudié dans le voisinage de la métairie. Ici encore, le trachyte n'est nullement stratifié, mais fendillé dans tous les sens. Cette roche est à pâte feldspathique, généralement d'une couleur grise renfermant du pyroxène et des cristaux d'un feldspath semi-vitreux.

La roche se relève vers le Chimborazo; elle présente des crevasses souvent considérables, d'autant plus larges et plus profondes qu'elles s'approchent davantage de la montagne. On dirait que la masse, en se soulevant, a fait bomber le plateau qui lui sert de base.

La roche constituant en grande partie le ter-

rain de la province de Quito offre peu de variété. Les blocs, entassés confusément, qui forment les cônes volcaniques, sont semblables par
leur nature minéralogique, à la roche dont
leur base est formée. Ces cônes, ces montagnes
saillantes, ont sans doute été soulevés par des
fluides élastiques qui se sont fait jour sur des
points de moindre résistance. Le trachyte,
brisé en une infinité de fragments, a surgi à la
surface, soulevé par une émission de vapeurs.
Après l'éruption, la roche brisée a dû nécessairement occuper un plus grand volume; tous les
fragments n'ont pu rentrer à la place d'où ils
étaient sortis; ils se sont amoncelés au-dessous
de l'orifice par lequel le dégagement des fluides
s'était effectué. C'est précisément ce qui arriverait si, après avoir foncé un puits profond
dans une roche dure et compacte, on voulait le
combler avec les débris qui en seraient sortis;
bientôt l'excavation se trouverait remplie et, en
continuant à déposer les déblais suivant une
ligne passant par l'axe, on formerait, au-dessus
de l'excavation, un cône d'autant plus élevé
qu'on aurait été à une plus grande profondeur.
C'est ainsi qu'on peut concevoir la formation du

Cotopaxi, du Tunguragua, du Chimborazo, etc.

Les émissions gazeuses, en s'ouvrant un passage au travers de la couche trachytique, après l'avoir brisée, ont pu établir une communication avec des vides considérables existant à une plus ou moins grande profondeur. Alors, au lieu d'un cône s'élevant au-dessus du point d'éruption, il a dû se produire une concavité à la surface du terrain. C'est ainsi qu'ont pu se former les dépressions si remarquables que présentent le cratère du Rucu Pichincha et le lac vert de la soufrière de Tuquerez, dont j'ai donné plus haut la description.

Je considère donc l'apparition des cônes trachytiques des Cordillères comme postérieure au soulèvement de la masse des Andes. Ce ne sont pas cependant les soulèvements les plus récents qui ont eu lieu dans ces montagnes. Dans le voisinage des pics les plus élevés, je puis citer le Cayambé, l'Antisana, le Chimborazo, on observe des monticules encore composés de fragments, mais d'une roche sensiblement différente du trachyte ordinaire. Elle est noire, porphyrique. Sa pâte enchâsse des cristaux de feldspath vitreux, elle est colorée par du pyroxène. Les cristaux feldspathiques sont assez rares et souvent on croirait voir un basalte. Je n'y ai cependant jamais rencontré de péridot. Quelquefois cette roche est compacte et disposée en prismes; quelquefois aussi elle est scoriforme, remplie de vacuoles : on la prendrait pour une lave, si elle couvrait un espace un peu étendu; mais alors elle se présente toujours en morceaux qui atteignent rarement la grosseur du poing. Cette matière a évidemment surgi à une époque très récente. A la Chorrera de Pisque, près Ibarra, on en voit une belle colonnade reposant sur une alluvion. Dans la ferme de Lysco, cette roche, à l'état fragmentaire, s'est ouvert un passage à travers le trachyte, en le soulevant. C'est là que de Humboldt a cru voir une coulée sortie de l'Antisana. J'ai discuté les raisons sur lesquelles je me fonde pour ne pas partager l'opinion de l'illustre voyageur.

Le volcan éteint de Calpi, placé à la base du Chimborazo, est encore composé de cette espèce de basalte. Nous le visitâmes lors de notre retour à Riobamba.

Au milieu du sol sablonneux qui occupe

toute la plaine, on remarque, près du village de
Calpi, une butte de couleur foncée : c'est le
Yana-Urcu (la montagne noire). Dans la partie
inférieure du monticule, on aperçoit du trachyte sortant de dessous le sable. La roche paraît avoir été fortement tourmentée ; elle est
remplie de crevasses et fendillée dans tous les
sens. La pente du Yana-Urcu qui regarde Calpi
est formée par de petits fragments de la roche
noire. Cet amas de fragments rappelle tout à
fait l'éruption pierreuse de Lysco. Il paraîtrait
même qu'au Yana-Urcu, cette éruption s'est
faite postérieurement au dépôt de sable qui ni-
velle la plaine ; car sa surface, dans les environs du volcan, est jonchée de ces pierres noires
scoriformes.

Nos guides, qui étaient des indiens de Calpi,
nous conduisirent à une crevasse où l'on entendait distinctement le bruit d'une cascade souterraine. A en juger par l'intensité du son, la
masse d'eau en mouvement devait être considérable.

L'aridité du sol, depuis Latacunya jusqu'à
Riobamba, m'avait plusieurs fois frappé d'étonnement. Je me demandais comment les glaciers,

les montagnes élevées qui dominent ce terrain
ne donnaient pas naissance à de nombreux torrents.

La sécheresse de ce plateau est seulement su-
perficielle. Il paraît certain que les eaux des
montagnes, après avoir pénétré dans ce terrain
perméable, circulent à plus ou moins de profondeur dans l'intérieur du sol. La cascade souterraine de Yana-Urcu en est déjà une preuve et,
sur plusieurs points, en descendant dans les
gorges profondes du terrain alluvial du plateau, on voit sortir au jour des sources souvent
fort abondantes. Tout près de Latacunya, entre
cette ville et le Cotopaxi, il existe une nappe
d'eau que l'on a rencontrée en creusant à quelques mètres de profondeur dans le conglomérat
ponceux ; elle est nommée Timbo-Pollo par les
indiens. En réalité, c'est une véritable rivière
souterraine, car l'eau se renouvelle sans cesse et
l'on perçoit distinctement le sens du courant.
J'ai trouvé sa température de 18°,8 C. La température moyenne de Latacunya est de 15°,5 C.

Le 21 décembre, nous étions de retour à Riobamba, où je restai encore quelques jours pour
terminer les observations que je m'étais impo-

sées. Je vis, avec curiosité, au Nord et à une lieue de la ville, un village où l'on fabriquait de l'acide sulfurique dans de très petites chambres de plomb, c'est-à-dire par le procédé adopté actuellement par l'industrie. Le temps étant des plus favorables, je pris plusieurs séries de distances de la lune aux étoiles, pour rectifier la longitude de Riobamba.

Le 23 décembre, dans l'après-midi, je quittai cette ville, en me dirigeant sur Guayaquil, où je devais m'embarquer pour visiter la côte du Pérou. Ce fut en vue du Chimborazo que je me séparai du colonel Hall. Pendant mon séjour dans la province de Quito, j'avais joui de sa confiance et de son amitié. Sa connaissance parfaite des localités m'avait été de la plus grande utilité et j'avais trouvé en lui un excellent et infatigable compagnon de voyage; tous deux enfin, nous avions servi pendant longtemps la cause de l'Indépendance. Nos adieux furent touchants. Quelque chose semblait nous dire que nous ne devions plus nous revoir. Ce funeste pressentiment n'était que trop fondé. Quelques mois après, mon malheureux ami fut assassiné dans une rue de Quito.

J'arrivai, à 6 heures du soir, dans la misérable hacienda del Guavo; la température moyenne trouvée dans le sol était de 7°,8 C. Le 24 décembre, nous continuâmes notre route. Près du torrent, on voit le trachyte très escarpé sur plusieurs points et dont la masse forme l'immense plateau, base du Chimborazo. La roche n'est pas stratifiée, mais fendillée en tous sens par des fissures généralement verticales.

A 11 heures, nous parvînmes au point le plus élevé de l'arénal, passage si redouté dans la contrée, par la violence du vent qui enlève quelquefois les hommes et les animaux. Le temps était calme et couvert; nous pûmes y déjeuner. Les bouffées de vent qui venaient de Guaranda se changeaient aussitôt en un brouillard épais. Je trouvai pour l'altitude à l'arénal du Chimborazo 4372 m.; temp. de l'air 12°,2.

En descendant, on aperçoit des roches stratifiées, grünstein et schiste. A 5 heures, j'entrais dans le village de Guaranda (alt. 2722 m., temp. de l'air 13°,6). Nous y ressentîmes un violent tremblement de terre. A quelques heures de marche on trouve la saline de Toma-

Bella qui donne un sel chargé d'iode et par conséquent antigoitreux. Aussi le goitre est-il inconnu dans toute la province où l'on consomme ce sel et où, d'après les conditions géologiques, cette maladie devrait être endémique.

Je quittai Guaranda à 8 heures et demie. A 9 heures, j'étais au Puente del Socavon (pont du souterrain) sur le Rio del Molino (alt. 2 604 m.; temp. 16°,7). La roche est composée de grünstein et de schiste.

Nous arrivâmes, à 11 heures et demie, au village de Chimbo (alt. 2 514 m., temp. de l'air 23°). Continuant notre route, nous étions, à 1 heure, à San Miguel de Chimbo, où j'attendis mon équipage (alt. 2 464 m. ; temp. 20°).

A 2 heures et demie, lorsque le baromètre fut monté pour l'observation, une femme, que le hasard faisait passer là en ce moment, tomba sans connaissance, de frayeur. Je lui portai immédiatement secours et, lorsqu'elle revint à elle, son premier soin fut de me demander avec angoisse, « si le bâton espagnol éclaterait ».

A 3 heures et demie, Alto de Piscuru (alt. 3 000 m. ; temp. 21°).

A 5 heures, Tambo de la Chima, où l'on

entra après une marche fatigante. J'étais à la Chima le 26 décembre. Comme je me disposais à partir, le général Florès, accompagné du colonel Dast, vint à passer, se rendant à Guayaquil. Sur ses instances, je me décidai à l'accompagner. Nous nous mîmes en route immédiatement. Il pleuvait; le chemin était glissant et dangereux, surtout par la rapidité que le général imprimait à notre marche.

La descente de Augas était horrible; le cheval que montait un capitaine de l'escorte tomba et fut tué sur le coup; l'officier, démonté, ne fut heureusement pas blessé. Un peu plus loin, le chemin s'améliora : on suivait la vallée du rio Guaranda que nous traversâmes à plusieurs reprises. A 6 heures et demie, nous entrions dans le village de Savaneta, où l'on nous remit des chevaux frais, qui nous conduisirent, toujours avec la même allure, à la Bodega, où nous arrivâmes à 11 heures du soir, fatigués, mouillés, tout déchirés et mourant de faim. Nous prîmes gîte dans l'hacienda du général Florès.

27-28 décembre. — Je fus obligé de rester au lit jusqu'à ce qu'on eût lavé et raccommodé mon pantalon, que je dus ensuite faire sécher

sur mon corps. Ce dernier jour, à midi, le colonel Dast et moi nous embarquâmes sur le rio
Guayaquil à la marée descendante. A 8 heures
du soir, nous arrivâmes à San Borromé, où
nous soupâmes. Les canots que nous occupions
étaient creusés dans des troncs d'arbres, longs
et étroits. Nous passâmes la plus grande partie
de la nuit sur le Rio, tant pendant la marée mon-
tante que pendant le calme et la marée descendante. Les genoux de Florès me servaient d'o-
reiller. On avait le temps de causer.

— Pourquoi, lui demandai-je, avons-nous
fait une marche si désordonnée?

— C'est que mon voyage doit être dissimulé ;
je dois saisir la caisse de la trésorerie de
Guayaquil et arrêter le trésorier.

— Comment se fait-il, général, qu'avec votre
indépendance, vous conserviez le fardeau des
affaires gouvernementales?

— Vous avez raison, quand vous parlez de
l'indépendance de ma fortune; mais, pour la
conserver, il me faut rester au pouvoir. Puis il
ajouta : « C'est que le jour où je cesserai de
diriger les affaires publiques, je serai promptement dépouillé de mes biens.

— Ou plutôt dépouillé du bien des autres, ajoutai-je mentalement.

Une fois débarqué, le général Florès procéda comme il l'avait annoncé ; la caisse fut emportée, le trésorier mis sous séquestre, désolé sans doute de ne pas avoir fait de prélèvement sur les sommes qu'il détenait. Dast et moi, nous étions de simples témoins.

Nous fûmes largement logés dans le palais du gouvernement ; on mit une grand'garde. Mon appartement communiquait avec celui du général, il avait une sentinelle à l'intérieur, ce qui me rassurait très peu. Le service de table au Palais était somptueux. Je demandai à Dast pourquoi il y avait tant de luxe. Il répondit, faisant un certain geste : « C'est parce que nous avons sauvé la caisse. »

La moralité de certaines dames de la bonne société de Guayaquil serait très suspecte, si l'on s'en rapportait à des propositions faites par certains agents.

Guayaquil est sur la rive droite du Guayas qui, un peu plus loin, reçoit le Daulé. Le 18 janvier 1832, je me fis vacciner. Le lendemain, mon nom, Jean-Baptiste Boussingault, parut sur une liste imprimée entre ceux de deux nourrissons, vaccinés en même temps que moi. Mes amis me poursuivaient de leurs railleries en me montrant imprimé.

Les maisons de Guayaquil sont en bois. La population est estimée à 15 ou 20000 âmes. On évalue à 200000 piastres le produit de la douane.

24 janvier. — A 11 heures du matin, je me suis rendu à bord de la goélette *la Ecuatoriana*, en partance pour Payta. Nous descendîmes la rivière avec la marée. Le matin, nous étions en vue de l'île de la Puna, où nous attendîmes la marée descendante. Dans l'après-midi, nous aperçûmes l'île del Muerto, qui présente horizontalement le profil d'une statue colossale qui serait couchée à la surface de la mer. Nous voyions les côtes du Choco et du Pérou.

25 janvier. — Toujours en vue d'El Muerto. nous dépassons Tumbez. La côte est d'une grande aridité.

26 janvier. — Nous doublons le Cabo blanco.

27 janvier. — A 2 heures, nous débarquons à Payta ; les environs sont les plus stériles qu'on puisse imaginer. Pas une plante, pas un ruisseau, du sable. On est obligé d'aller chercher l'eau potable dans la rivière du Colan, à plus de 6 lieues de distance. Le port est très sûr. Il y avait en ce moment un bon nombre de vaisseaux en rade dont deux baleinières des États-Unis.

J'occupais une maison isolée sur le bord de la mer. La chambre que j'habitais, et dans laquelle j'avais établi mon baromètre, se trouvait à 4 mètres au-dessus de la marée moyenne.

Une dame, partie en même temps que nous de Guayaquil pour aller rejoindre son mari à Lima, s'arrêta quelque temps à Payta. Pendant la nuit, le bruit des flots était très intense; de jour, lorsqu'il faisait soleil, le bruit était très faible.

J'ai mesuré la température de l'air à 4 pieds au-dessus du terrain. Elle était de 36°,1 par un temps calme. De jour comme de nuit, le thermomètre avait été muni d'un écran pour le mettre à l'abri du rayonnement du soleil et du rayonnement nocturne. A 10 heures du matin, à un pied sous terre, le thermomètre indiqua, à Payta, une température moyenne de 27°.

Vers la douane, au bord même de la mer, on

voit du schiste argileux en couches presque verticales dirigées de l'Est à l'Ouest.

8 février. — A 8 heures du soir, il est apparu une lumière très vive qui a éclairé pendant un instant très court toute la ville.

J'avais quelques visites nocturnes : des indiennes plus bistrées, d'une teinte beaucoup plus foncée que les indiennes des montagnes ; Carmen, mon compagnon de route sur le Guayaquil, que mon brosseur Vicente m'amenait le soir. Une fois, j'entendis un bruit de dispute ; et la voix de mon assistant que deux hommes voulaient arrêter. Je sortis aussitôt, le sabre à la main, pour lui porter secours ; les deux agresseurs sortirent, et Carmen entra chez moi. Je sus par la suite que ces malfaiteurs étaient cachés dans l'escalier et qu'ils avaient ainsi arrêté, volé et noyé une personne qui m'avait précédé dans le logement.

Il arrive quelquefois sur la plage de Payta une quantité prodigieuse de poissons. Effrayés par le présence des baleines, ils couvrent souvent la plage entière à la marée descendante. La belle Carmen me quitta le 9 février par un bon vent S.-O.

J'eus aussi une visite très intéressante, celle d'une pauvre indienne, âgée, disait-on, de 125 ans. Elle était encore vigoureuse et marchait facilement et sans canne. Je lui offris un verre de vin, qu'elle but avec grand plaisir. Dans sa jeunesse, elle avait assisté au débarquement de la flotte anglaise, commandée par le vice-amiral George Anson.

C'était le 24 novembre 1741. Le *Centurion* entra dans le port de Payta ; la ville fut pillée et incendiée ; les matelots fendirent d'un coup de sabre l'image de la Vierge suspendue dans l'église, et l'indienne me dit avoir assisté à cette scène.

9 février. — Remonté à bord de l'*Ecuatoriana ;* nous levons l'ancre à 5 heures du soir par un fort vent S.-O.

10 février. — Nous passons le soir devant l'île de la Plata.

11 février. — Nous longeons les côtes du Choco.

12, 13, 14, 15 février. — La mer est calme. Impossible d'avancer.

16 février. — En vue d'El Cabo Manglar. Sur un espace d'un mille carré, l'eau de la mer est rouge par réflexion et incolore par transmission.

17 février. — A midi, débarqué à Tumaco, qui fait partie d'un petit groupe d'îles non loin de la côte. La végétation y est splendide. C'est un contraste avec l'aridité de Payta. Quoique cette île d'environ 3 milles carrés soit naturellement entourée d'eau salée, on y trouve plusieurs puits d'eau douce. Le terrain est un sable peu solide. Il y a beaucoup de requins sur la côte. Notre pauvre chien Turc fut dévoré par un de ces animaux.

A 1 pied dans le sol la température moyenne est de 26°,1.

18, 19, 20, 21 février. — Observations barométriques.

22 février. — Nous nous embarquons à 5 heures du matin, par un vent favorable.

23 février. — Nous passons devant la Gorgone. Vent et pluie très forts.

24 février. — Nous sommes en vue de San Buenaventura. Le calme nous empêche d'y entrer.

25 et 26 février. — A midi, débarqué. Le port est fort grand; mais la ville est dégoûtante; les maisons y ressemblent à des cages, où se trouvent nichés les plus vilains nègres du Choco. La fièvre est à l'état endémique, car la population est placée sur un marécage.

27 février. — A 9 heures, embarqués sur de petites pirogues pouvant porter 10 quintaux. Elles sont creusées dans des troncs d'arbres et semblables à celles avec lesquelles on navigue sur le Rio San Juan. On y reste complètement couché, car on ne saurait y prendre aucune autre position. Nous avions profité de la marée pleine pour traverser et gagner la Boca del Dagua, dans laquelle nous entrâmes. Nous trouvâmes ensuite le Rio Dagua où nous montâmes dans des pirogues qui étaient plutôt roulées que flottées sur un fond de cailloux que recouvraient à peine 20 centimètres d'eau. A 6 heures, nous abordâmes à la ferme de San Gertrudis, où je trouvai 757^{mm},6 pour la hauteur du baromètre (temp. du baromètre 25°; temp. de l'air 25°; alt. 29 m.).

28 février. — Débarqué à la Bodega. La nuit est belle, ce qui est rare pour le Choco.

29 février. — Arrivé au Saltito de Dagua, petite chute d'environ 4 mètres de hauteur. Avant d'y parvenir, nous avions franchi une série de rapides que nous avons contournés par de petits canaux latéraux creusés à même par les bogas. Nous changeons nos pirogues contre de petits canots et commençons à apercevoir les roches schisteuses.

1ᵉʳ mars. — Nous arrivons à las Juntas del Dagua, où nous couchons (hauteur barométrique : 734ᵐᵐ,1 ; temp. du baromètre et de l'air 24° ; alt. 321 mètres.

2 mars. — Partis à 6 heures du matin. A 7 heures, nous parvenons à Alto de la Puerta (hauteur barométrique 689ᵐᵐ,4 ; temp. du baromètre et de l'air 24°,4 ; alt. 911 mètres. A 8 heures 1/2, nous sommes à l'Alto de la Hormiguerra (barom. 680 ᵐᵐ,1 ; temp. du baromètre et de l'air 23° ; alt. 1 032 m.) A 9 heures 3/4, nous atteignons El Palmar (bar. 673ᵐᵐ ; temp. du barom. et de l'air 22° ; alt. 1 118 m.). A 10 heures 1/2, nous sommes à la Quebrada del Higueron (barom. 687ᵐᵐ,3 ; temp. du barom. et de l'air 25° ; alt. 939 m.). A midi, parvenus à Ximenès (barom. 680ᵐᵐ,3 ; temp. du barom. et de l'air 26° ; alt. 1 029 m.). A 2 heures, nous sommes au hameau de las Ojas (barom. 667ᵐᵐ,1 ; temp. du barom. et de l'air 24° ; alt. 1 178 m.).

Je laissai là mon nègre, avec mission de conduire mon équipage à Cartago, et je continuai ma route. Pendant deux heures je descendis, et retrouvai le lit du Rio Dagua, que je traversai plusieurs fois. La roche est partout du grünstein disposé en boules.

Après une marche très fatigante, je parvins, à 8 heures du soir, au hameau de Papagallero, où je soupai bien misérablement.

3 mars. — J'en repartis le lendemain à 7 heures du matin, parvins à midi à une venta où je déjeunai, et enfin, après avoir passé la montagne, j'arrivai à Cali, à 6 heures du soir, après avoir traversé la rivière. La distance de cette ville à Juntas, où j'étais la veille, est de 11 lieues et demie de 6666 varas.

Le juge politique me reçut très bien et me procura un logement dans une maison voisine de la sienne, dont les maîtres étaient absents.

4 mars. Dimanche. — Passé la journée à Cali, ville triste, grande et bien située. Climat très chaud. Le goitre n'y est pas endémique, mais existe dans les environs, où il y a des marais.

5 mars. — Partis à 7 h. 1/2. A midi, déjeuné à Magamé. A 5 heures, à Posadas.

6 mars. — Partis à 4 heures du matin; à
5 heures à Buga, à 6 heures du soir, fais halte
à la Payla. Tombé dans une embuscade, où je
courus un grand danger.

7 mars. — En route à 3 h. 1/2 du matin ;
nous passons le Rio de la Payla et sommes à
6 heures à Al-Jarzal, à 11 heures à Santa-Mira,
et enfin à 3 heures à Cartago, où j'établis mon
campement.

21 mars. — Cartago. Hauteur du baromètre,
683^{mm},6. Température de l'air et de l'eau, 23°.
Altitude, 977 mètres. A 1 pied sous terre, après
24 heures, le thermomètre marque 24°,5.

5 avril. — Le matin, entre 7 et 8 heures, l'orage
a éclaté, chose des plus remarquables, suivant
le dire des habitants. Depuis quelques jours,
presque tous les soirs, il y a un fort orage.

Dans les pays chauds, comme Honda, Mari-
quita, la Vega de Supia, Cartago et tout le
Choco, il a lieu, le plus souvent, durant la nuit,
entre 11 heures et minuit. Dans les pays élevés
et par conséquent froids, comme Sta Fé, Sonson,
Quito, les orages ont le plus souvent lieu entre
3 et 5 heures du soir. Dans les endroits très
élevés, comme la métairie d'Antisana, le paramo

de Hervé, les orages sont très rares et durent fort peu de temps. Presque toujours, la pluie redouble après un violent coup de tonnerre ; souvent, après un roulement, la pluie s'arrête subitement ; mais, après un moment de silence, on entend une violente détonation.

7 mai. — Partis à 8 1/2 de Cartago, nous arrivons à 3 heures au Paso de Piedra Moler.

8 mai. — Continuant mon voyage, je parvins à la rivière de Quimbaza (alt. 979 m.), et par un chemin affreux, où je suis obligé de traverser les Guaduales sur le dos d'un sillero, nous allons coucher à la Balsa.

9 mai. — A 7 h. 1/2 du matin, à un pied sous le sol, température, 21°,4. Température de l'air, 18°,3. C'est à cette circonstance de température que j'attribue l'insuccès de Marisansero, qui n'a jamais pu réussir à former en cet endroit sa plantation de cacao.

Toutes les routes qui conduisent à la Balsa sont des bourbiers affreux.

Nous partons, et venons bivouaquer à 4 heures au Contadero de Buena-Vista.

10 mai. — Pour la seconde fois, je bivouaque à Cruz-Gorda de Boquia.

11 mai. — Bivouaqué à Las Cruzes (altitude 2132 m.).

12 mai. — Passé le páramo avec un bien mauvais temps et arrivé à 4 heures au Contadero del Volcancito (alt. 3203 m.).

13 mai. — Parvenu à 3 heures à Tambo de Toche, où nous prenons gîte dans le caravansérail. Cette station est entourée de forêts. J'ai ramassé en route des graines du palmier à cire, *cera de palma*. Je crois que cet arbre pourrait être acclimaté en France. Je visitai les sources thermales, et je constatai que leur température avait diminué depuis ma première visite, faite une dizaine d'années auparavant.

14 mai. — Nous arrivons à el Moralito (alt. 1865 m.). Le thermomètre, à un pied sous terre, marque 16°,5, après une nuit d'exposition. J'avais traversé le San-Juan avec beaucoup de difficulté.

15 mai. — A 5 heures, j'arrivai à Ibagué, après avoir, de la Palmillo, joui du spectacle du Tolima.

16 et 17 mai. — Pris l'altitude, 1323 mètres. Température du sol, à 1 pied sous terre, 21°,5.

18 mai. — A 8 heures, parti d'Ibagué pour

arriver à 6 heures à Callejon de Cayma. Je recueillis en chemin plusieurs araignées coya, qui font leur toile sur le sol, entre les pierres; sur le parcours, je déployai mon baromètre à Alvaredo (alt. 269 m., temp. 30°); à Callejon (alt. 393 m., temp. 27°,7).

Nous passâmes, le 18, la Quebrada de Cayma, qui conduit à la China. Cette rivière était tellement grossie que nous dûmes chercher des *practicos* pour la passer. Je la traversai en nageant entre deux hommes; mon équipage fut transporté sur la tête par les *peones*.

A 1 heure, Rio de la China (alt. 367 m., temp. 30°). A 2 heures, nous passons le Tatare, qui se jette dans la précédente rivière.

A 3 heures, j'arrivai à Benadillo. Mon ami, le curé Mantillo, était mort d'une fièvre inflammatoire, maladie très commune dans ces llanos. A la sortie du village, nous traversons sans accidents le Rio Benadillo; il était très fort (alt. 344 mètres, temp. 31°,5).

Nous allâmes prendre gîte dans une mauvaise maison du Sitio nommé la Sierra. Je n'oublierai jamais l'impression que j'ai ressentie en voyant la hideuse famille qui habitait cette demeure, tous goitreux, dartreux, bobos et crétins. Les moradores de la Sierra boivent presque toute l'année de mauvaises eaux, de l'eau des mares ou celle d'un ruisseau qui descend des glaciers de San Isabel.

20 mai. — Après deux heures de voyage, nous fîmes halte à 8 heures du matin pour déjeuner à Peladero (alt. 429 m. temp.,30°,7). Le soleil me fit souffrir tout le jour. Après avoir passé par les Talajeros, nous arrivâmes dans une ferme située près le village de Guayaval, où je couchai au milieu de viande sèche et salée (alt. 346 m., temp. 34°).

21 mai. — J'arrivai à Santa-Ana (à 11 h.) où se trouvent des mines d'argent. Séjourné du 21 mai au 6 juin et fait divers essais et expériences sur minéraux. Observations astronomiques multipliées.

Dans la maison d'amalgamation, nous déterminons la température des barils, que nous trouvons de 42°,8.

Nous repartons le 6 juin et arrivons à Honda, sur la rive gauche du Magdalena (alt. 276 m., température à 1 pied sous terre, 27°,7 ; l'eau bout à 99°,7).

7 juin. — Nous nous embarquons à midi, et arrivons à 6 heures à Guarumito.

8 juin. — Partis à 6 h. 1/2 du matin, arrivés à 3 h. 1/2 du soir à Nare.

9 juin. — Embarqués à 6 heures. Parvenus à 3 heures du soir à San Bartolomé.

10 juin. — Parti à 6 h. 1/2. Séjourné sur la plage à l'arrivée, à 5 heures.

11 juin. — Parti à 6 heures. Arrivé à 5 heures à San Pablo, sur la rive gauche du fleuve. Je constatai un terrain aurifère.

12 juin. — Parti à 8 h. 1/2. Arrivé à 6 h. 1/2 à Badillo, sur la rive droite.

13 juin. — Nous montons à bord du Bugo, qui fait le service des transports sur le fleuve. Nous arrivons à 3 h. 1/2 al Puerto de Diana.

15 juin. — Nous continuons le 14 et arrivons le 15 juin à 1 heure du matin à Mompox. Repartis à 4 heures du soir.

16 juin. — Arrivés à Barranca.

18 juin. — Partis à 6 heures du matin; déjeuné à 8 heures à Arongo Hondo, en sortons à 8 h. 3/4. Arrivés à Santa Cruz à midi; parvenus à 3 heures à Machetes.

19 juin. — Nous nous mettons en route à

6 h. 1/2 et déjeunons à midi à Arjon, arrivons
à 2 h. 3/4 à Turbaco et enfin à 8 h. 3/4 à Cartagena. On ne boit dans cette ville que de l'eau
de pluie recueillie dans des citernes construites
à quelques pieds au-dessous du sol. Température de l'une de ces citernes, 27°,5.

Je séjournai jusqu'au 11 juillet à Cartagena,
jour où je m'embarquai à bord du *Medina*, qui
devait me conduire à New-York. J'y débarquai,
en effet, le 7 août.

CI

Lettre de Mme Vaudet à Boussingault

Paris, le 2 février 1825.

Mon cher frère,

Nous reçûmes, le 1er février, tes lettres du 5 octobre; moi et Vaudet, nous nous présentâmes, le même jour, chez Mme Lantz; son mari n'était pas encore arrivé, elle l'attendait de jour en jour (tu sais sans doute qu'il vient la chercher), et me promit de venir me voir; je la recevrai avec grand plaisir et suis très reconnaissante des bons soins que son mari t'a prodigués. Je lui en fis mes remerciements. Cette dame a l'air si obligeant que je ne chercherai pas d'autre occasion pour t'envoyer ce que tu me demandes. A cet effet, je me ferai peindre, d'ici à quelques jours, ainsi que ma fille, et je ferai tes petites commissions le plus promptement possible. Je suis bien sensible à la preuve d'amitié que

tu me donnes en demandant mon portrait; je te
l'enverrai avec grand plaisir, mais j'aurais bien
désiré que tu l'emportasses toi-même, comme tu
nous en donnais l'espérance. Je te plains de ne pas
venir, car je juge d'après nous que tu dois bien
désirer nous voir. Enfin, il faut vouloir ce qu'on ne
peut pas empêcher.

Papa vient d'être malade, c'est pourquoi j'ai
tardé à te répondre. Je voulais t'annoncer en
même temps la maladie et la convalescence : c'est
ce que j'ai le bonheur de faire, papa maintenant
se porte bien, grâce aux conseils de M. Inglar et
aux bons soins de maman, qui a eu, comme tu
penses, bien de l'inquiétude et du courage. Nous
passâmes un bien triste commencement d'année;
mais, Dieu merci, c'est fini; nous sommes en
train de chercher une petite campagne près de
Paris, où papa et maman iront quand cela leur
plaira.

Mes tantes ont été malades; elles sont guéries et
t'embrassent et désirent bien te voir, c'est le vœu
général de toute la famille.

Lisa grandit et voudrait bien te voir, elle embrasse souvent ton portrait et lui demande bien des
choses pour ses étrennes; Cadet a dessiné un second
portrait. Il est assez ressemblant. Son maître de
dessin l'a peint; il sert de pendant au portrait de
M. de Humboldt que Vaudet a acheté. Nous te
l'enverrons, mais tu as tort de dire que je ne

t'écris pas, car c'est moi qui t'écris le plus souvent.

Adieu, je t'embrasse de tout mon cœur et suis, avec amitié, ta sœur.

Femme VAUDET, née BOUSSINGAULT.

CII

Lettre de Vaudet à Boussingault.

(Sur la même feuille que la précédente.)

Notre vie est tellement uniforme, mon cher ami, que je ne t'entretiendrai pas de choses bien importantes. Tout le monde d'ici t'écrit ; je m'occupe d'apprêter les objets que tu m'as demandés, pour que M. Lantz, qui vient de débarquer en France, puisse se charger de te remettre le tout quand il repartira, ce qu'il doit faire tout de suite.

Si tu as conservé des relations avec les sieurs Dournay, écris-leur donc pour me faire payer les outils que tu m'as fait faire ; j'ai beaucoup à me plaindre de ces gens-là. Tu sais que nous étions convenus verbalement avec Joseph de faire dix ans de crédit à un constructeur et de répondre dix ans du mastic, ainsi que sur une autre terrasse ; eh bien ! à peine les six mois étaient-ils écoulés qu'ils m'ont menacé de me poursuivre devant les tribunaux, si je ne soldais leur compte : c'est ce que j'ai fait pour en être débarrassé.

Ta seule présence nous manque. Nous sommes on ne peut plus heureux et tranquilles ; je désirerais bien que tu vinsses bientôt te fixer avec nous.

Ton puîné se fait maçon. Je l'ai placé dans une maison où il se fait pour plusieurs millions d'affaires par an ; si nous parvenons à en faire un bon constructeur, j'en serai fort aise, car je crois que c'est un état qui en vaut bien un autre.

Adieu, mon cher ami, écris-nous souvent et reviens le plus tôt qu'il te sera possible sans te faire du tort.

VAUDET.

CIII

Lettre de Louis Boussingault à son neveu.

(Sur la même feuille que les deux précédentes.)

Je me joins, mon cher neveu, à toute la famille pour vous souhaiter, au renouvellement de l'année, tout ce qui peut contribuer à votre bonheur, et surtout pour que nous ayons bientôt le plaisir de vous embrasser.

Cependant, comme je vous aime pour vous-même, je ne désirerais pas qu'en revenant plus tôt en Europe vous perdissiez une partie des fruits qu'on peut retirer d'un séjour prolongé dans un pays si neuf et si intéressant. D'ailleurs, on fait rarement deux fois un pareil voyage et quoique, dans la lettre que vous m'avez écrite, vous m'en parliez comme d'une promenade, je ne suis pour tant pas tenté de la faire à mon âge. Il y a vingt ans j'aurais pu m'y décider. Je ne suis pas fâché du désappointement que vous avez éprouvé. Vous seriez revenu en Europe pour en repartir presque tout de suite; vous auriez éprouvé l'ennui et les incommodités d'un long voyage; votre famille aurait eu la peine de vous quitter aussitôt après vous avoir vu; il vaut mieux nous rejoindre pour ne plus nous quitter.

Adieu, mon bon ami, je vous embrasse de tout mon cœur et suis votre affectionné oncle,

L. Boussingault.

CIV

Lettre de Boussingault père à son fils.

(Sur la même feuille que les quatre précédentes.)

Ta mère et moi, mon cher fils, jouissons d'une parfaite santé, ainsi que Cadet, qui est maintenant chez un maître maçon, architecte, qui paraît être content de lui ; tes tantes, tes cousines se portent bien et te souhaitent, ainsi que nous, d'être heureux et content, et surtout prudent.

Adieu, mon cher fils, porte-toi bien et crois-moi, pour la vie, ton tendre père,

BOUSSINGAULT.

CV

Lettre de Mme Vaudet à Boussingault.

Paris, le 3 juillet 1825.

Je crois, mon cher frère, qu'une calamité est tombée sur la famille et je désire de tout mon cœur que l'éloignement t'en préserve. Je n'ai voulu t'annoncer les maladies qu'avec la convalescence, et j'ai le bonheur de le faire, étant tous bien rétablis.

Depuis six mois, M. Inglar ne sort pas de la maison; papa, comme chef de la famille, a eu le triste honneur d'ouvrir la marche; il a été bien malade pendant deux mois et demi. Nous avons eu bien de l'inquiétude. Cadet a été malade, maman a été aussi bien malade; ma tante Duhamel a eu une fluxion de poitrine et, malgré ses 69 ans, on l'a saignée quatre fois. Ma tante Colombe a eu une inflammation du bas-ventre, elle a été trois mois au lit et n'est pas encore bien; mon oncle a été deux mois sans sortir de sa chambre, il s'est blessé en descendant une montagne de la Suisse; enfin mon tour est venu, j'ai eu une inflammation de poitrine très grave; l'on m'avait condamnée, mais

heureusement j'ai trompé mon monde. Au bout de
trois semaines de convalescence, ne me trouvant
pas forte comme je désirais, je partis à la campagne
avec papa et Lisa (car pour maman, il faut croix
et bannière pour la faire sortir), et le lendemain
de mon arrivée l'on me coucha mourante à 7 lieues
de chez moi ; le docteur du village vint me visiter,
il me prit, je crois, pour un gros charretier, et il
voulut me donner tant de drogues, que je me
sauvai bien vite de ce maudit pays pour venir à
Paris, où j'étais sûre d'avoir pour tout traitement
de la tisane d'orge et des cataplasmes de guimauve
et de graine de lin, car c'est le remède universel :
on a guéri toutes les maladies ci-dessus avec cela.
Enfin, ma pauvre petite Lisa a été aussi malade
huit jours, et à peine si moi et elle allions mieux,
que mon pauvre Vaudet s'est mis au lit ; mais il se
réserve le plaisir de te conter ses maux, il a bien
souffert et il est presque aussi maigre que moi.

J'ai le plaisir de voir M. et Mme Lantz quelquefois ; ils sont fort aimables ; j'ai été bien contente
de voir une personne qui t'a secouru et aimé dans
un pays où je te croyais abandonné. Que je te plains,
mon cher ami, d'être si éloigné de nous ! car je
juge ton cœur d'après le mien, et plus je vais, plus
je m'ennuie de ton absence ; malheureusement tu
resteras encore quatre ans. Que c'est long ! mais
malgré le chagrin que j'en ai, je n'ose te con-
seiller de revenir ; mais si tu le peux sans nuire

à ta fortune, tu sais si nous serions contents.

J'ai reçu hier une lettre de toi, du 31 mars; elle nous tira de l'inquiétude où nous étions sur ta santé; car il y avait six mois que nous n'en avions reçu. Je suis sûre que tu nous écris exactement; je te craignais malade; nous sommes donc heureusement détrompés. Dieu veuille que ta bonne santé continue, ainsi que les nôtres, et qu'au jour tant désiré de ton retour, nous n'ayons qu'à pleurer de joie.

Lisa t'embrasse. Le jour de la Saint-Jean, elle eut soin de mettre un bouquet à ton portrait. Elle voudrait bien te voir arriver avec un perroquet; elle est bien grandie et est raisonnable pour son âge, mais un peu gâtée par papa.

J'ai eu la visite de Benoît. Il est venu dîner à la maison; il n'est pas content de ses places et n'a toujours que 1 500 francs. Son frère est toujours à Saint-Étienne et n'est pas plus heureux que lui. Il a toujours affaire à de mauvaises compagnies.

Loubry est à Paris maintenant. Il vient nous voir souvent et nous a invités à sa noce qui aura lieu le 20 de ce mois. Sitôt qu'il sera à Strasbourg, où il est envoyé pour présider aux fonderies de canons, il doit t'écrire et t'expliquer cela bien mieux que moi.

Si tu savais le plaisir que j'ai de voir un de nos anciens camarades, cela me rappelle nos jeux et nos disputes. Quand donc nous querellerons-nous un peu?

Je vais t'envoyer tes livres et nos portraits dans

une caisse que M. Lantz doit envoyer bientôt à Santa Fé. Je suis fâchée de te faire attendre ; mais toutes nos maladies en sont cause.

Papa, maman, mes tantes, Lisa, enfin tout le monde t'embrasse, et moi particulièrement. Adieu. Écris-nous donc si tu reçois des nouvelles de l'Alsace, si tu es toujours bien avec M. et Mme Roullin ; où en est ta fortune? fais-tu des économies? Es-tu gras ou maigre, noir ou blanc, triste ou gai ; quant à moi, je crois devoir te dire que je suis toujours bien maigre, que j'ai encore perdu deux dents, et que si le peintre ne m'embellit pas, tu ne me trouveras pas belle.

Adieu ; Cadet t'écrira.

Femme VAUDET, née BOUSSINGAULT.

CVI

Lettre de Vaudet à Boussingault.

(Sur la même feuille que la précédente.)

Ta sœur te dit, mon cher Boussingault, combien nous avons été maltraités par les maladies que nous avons eues. Il n'est pas jusqu'à moi qui, ayant été toujours à l'abri de ces malencontreuses contrariétés, aie payé une bonne fois ma dette avec usure. Cependant, tant tués que blessés, il n'y a personne de mort, et maintenant je revois les rues de Paris, et les constructions et la ferraille, après en avoir été sevré pendant deux mois. Je mange, enfin ! Tu conçois quelle privation ce doit être pour un amateur de ne boire que de la tisane. Ah ! cher ami, personne n'est plus que toi à même de sentir combien cela était cruel... Mais passons à des récits moins douloureux.

Ton oncle a quitté les chasseurs de l'Oise, où il était chef d'escadron, pour être promu au grade de lieutenant-colonel des dragons du Calvados. Il y restera deux ans, prendra sa retraite et viendra s'établir avec nous. Tels sont du moins ses projets. Il veut, dit-il, goûter les douceurs d'une vie tranquille, et le grand monde n'a plus pour lui de charme. Je conçois qu'il puisse aimer notre genre de vie, puisque tous les sages s'accordent à dire que le bonheur est dans la vie paisible. Quant à moi, qui suis bien éloigné d'être une autorité, je crois qu'une vie trop tranquille ne me conviendrait pas et j'aurais beaucoup de plaisir, par exemple, à faire un voyage soit en Suisse, en Angleterre ou ailleurs, et quand j'aurai quitté les affaires, je me consolerai de n'en plus faire en me permettant de petites excursions que les bons Parisiens appellent de grands voyages et que vous autres, voyageurs, comptez pour rien

Tu nous dis, dans ta lettre, que tu trouves à te placer avec des personnes que tu connais, qui te laissent dans un pays où tu es acclimaté. Il me semble que, s'il faut rester près de quatre ans sans te voir, il est préférable d'opter en faveur de cette compagnie, d'autant plus qu'elle t'offre autant d'avantages que les autres. Tu sais d'ailleurs mieux que moi ce que tu as à faire là-dessus; agis donc en conséquence; mais nous ne te donnons que ce temps de congé.

Ta sœur te dit que nous avons vu Loubry; il est officier d'artillerie, mais il ne serait pas éloigné de t'aller rejoindre et, si tu trouves une bonne occasion, il donnerait bien sa démission; tu sais qu'il est sur le point de se marier. Réponds-nous donc bientôt et dis-nous ce que tu penses de ces projets, et s'il y a lieu d'espérer pouvoir trouver à se placer de si loin, et avec une femme.

Porte-toi bien, mon cher ami, et recommande-nous aux prières de messieurs les Pénitents noirs.

VAUDET.

CVII

Lettres de M. et de Mme Boussingault à leur fils.

(Sur la même feuille que les deux précédentes.)

Je t'embrasse, mon cher Boussingault, et te souhaite une santé parfaite.

BOUSSINGAULT.

Deine gute Mutter küsset dich vom Herzen,

Und Komm bald.

CVIII

Lettre de Cadet Boussingault à son frère.

(Sur la même feuille que les trois précédentes.)

Mon cher frère,

Il ne me reste plus beaucoup de papier. Il faut
que j'écrive serré. Après avoir reçu ta lettre du
31 mars, qui nous a parfaitement réjouis, en appre-

nant que tu te portes bien, je me suis mis à te
répondre sur ta dernière. Tu me grondes toujours
de ce que je ne t'écris pas assez souvent; jusqu'à
présent je ne savais quoi te marquer; j'étais
embarrassé sur l'état qu'il fallait prendre; mais
maintenant je suis placé; je t'entretiendrai de ce
que je fais. Je suis chez M. Dufand (un des premiers entrepreneurs de bâtiments), depuis 6 heures du matin jusqu'à 6 heures du soir à faire des
plans, coupes et élévations, pour les maisons que
nous construisons. Lorsque j'aurai fini tous ces
plans, etc, je travaillerai dans le bâtiment, où je
gagnerai plus d'argent que maintenant. Lorsque je
serai bon entrepreneur, j'irai à Santa Fé de Bogota
bâtir des maisons. Dans l'état que j'ai pris, tout le
monde est content, excepté papa, qui ne l'aime pas ;
mais quand j'aurai un cabriolet et 60 000 livres de
rentes, je suis sûr qu'il sera content. Tu as parlé
d'une École des Eaux et Forêts, créée à Nancy, pour
que l'on fasse des démarches pour m'y faire
entrer ; je pense qu'il est trop tard : j'ai pris un état
qui, je crois, est très bon; il serait déraisonnable
de le quitter. Cependant, si tu peux me trouver une
place de 12 000 francs, j'irai bien vite. Je suis de
noce, le 23, de notre ami Loubry. Ce qui m'empêchera d'y aller, c'est que je ne sais pas danser et
n'ai même pas envie de l'apprendre. Je finis parce
qu'il est 7 heures 1/2 et que je ne suis pas encore
à la place Louis XV. Tu devrais bien envoyer un de

tes hommes qui te portent sur son dos; moi je monterais sur ses épaules pour faire cette petite course. Adieu, mon frère, porte-toi bien, reviens le plus tôt possible, ce qui nous fera le plus grand plaisir.

C. BOUSSINGAULT.

CIX

Lettre de Vaudet à Boussingault.

Paris, 29 septembre 1825.

Nous avons reçu, mon cher Boussingault, une lettre de toi, datée du 25 avril de l'année; je ne sais si c'est ta dernière. Nous avons lu que tu te portais bien et que tu trouvais à contracter un engagement avantageux avec une compagnie anglaise; poursuis donc, mon cher ami, le cours de tes succès, car souvent, quand on a refusé une bonne affaire, on peut passer sa vie à en attendre une pareille mais en vain, et Plutus ne sourit pas toujours.

Depuis que tu as reçu nos lettres, dans lesquelles tu as pu voir que nous avions été tous joliment étrillés par la maladie, il ne s'est rien passé de nouveau, en fait d'affaires de famille, mais en politique, il en est autrement et la reconnaissance de la République haïtienne peut être considérée comme un événement d'une grande importance qui, probablement, nous amènera d'autres arrangements avec les nouveaux États qui ne sont pas encore dans ce cas; c'est ce que je désire.

Quand tu nous écriras, tu devrais nous dire si l'industrie, les arts, le commerce et la législation ont fait des progrès dans la Colombie. Nous avons lu dernièrement un ouvrage sur ce pays par Mollien. A l'en croire, ce pays serait tout au plus dans l'enfance de la civilisation, les communications intérieures presque impossibles pour le commerce, car il dit que sur la Plata, il y a un pont fait de deux cordes, marchant sur des poutres après l'une desquelles on accroche un siège sur lequel s'embarquent les voyageurs qui veulent passer et alors les Indiens qui sont du côté où ils veulent aller tirent cette corde. N'y a-t-il donc d'autre paysage que celui-là?

Quand tu viendras te fixer avec ces bonnes gens du Marais, tu pourras leur en conter; c'est alors que tu nous instruiras et du costume et des mœurs des Colombiens; je te prie seulement d'avance de ne pas trop charger les détails que tu nous en feras; car messieurs les voyageurs ont la réputation d'être un peu craqueurs. Que veux-tu? il faut bien

accepter les charges avec le bénéfice, et vous avez
en revanche celui de savoir beaucoup plus de
choses que le citadin casanier qui croit avoir fait
un grand voyage, quand il est revenu d'une course
de quelques lieues.

Adieu, mon cher ami, reviens le plus tôt qu'il
te sera possible sans nuire à tes projets de fortune,
et souviens-toi quelquefois des bonnes gens de la
rue du Port-Royal, n° 1.

VAUDET.

CX

Lettre de Mme Vaudet à Boussingault.

Paris, le 1er octobre 1825.

Mon cher ami.

M. Lantz a eu la bonté de se charger d'une
lettre qu'il doit remettre à un voyageur colombien
qui part bientôt. J'espère que par cette heureuse
occasion tu auras bientôt de nos nouvelles ; mais
sois bien persuadé, mon cher ami, que si tu
en reçois rarement, ce n'est pas ma faute, car
je t'écris souvent, mais bien souvent et je dé-

sire que tu en fasses de même. Je crains toujours que tes occupations, tes plaisirs, tes nouveaux
amis et les années enfin n'affaiblissent bien l'amitié
que tu me portais et à laquelle j'attache tant de
prix. Pour me tranquilliser, écris-moi donc souvent, avec détails, ce que tu fais, où tu es, ce que
tu as et ce que tu feras : cela surtout m'importe.
Il paraît que tu vas encore rester ; je comptais
cependant te voir sous peu ; la lettre où tu m'an-
nonces le contraire m'a bien chagrinée ; si c'est
pour ton bien, tu as raison ; mais surtout ne sois
pas ambitieux, et sitôt que tu le pourras, sans
nuire à tes projets, reviens, car nous le désirons,
je suis sûre, plus que tu ne penses.

Je ne sais comment t'envoyer les commissions
que tu m'as données. Ce n'est pas aisé ! Mon oncle
arrive bientôt passer son trimestre avec nous.
Comme il a beaucoup de connaissances anglaises,
je compte sur lui. Je ne me suis pas encore fait
peindre ; comme j'ai été malade, je suis bien
maigre et pâle ; et j'attends que je sois un peu
mieux. Tu vois comme je suis coquette ; mais oui,
j'ai suivi tes conseils et je me soigne plus qu'autrefois, je travaille moins, je me promène davantage, je vois plus de monde et surtout j'ai à ma
disposition d'excellents livres : c'est là ce qui me
plaît le mieux. Je désirerais bien pouvoir te les
prêter ; mais c'est impossible. Ajoute à cela : papa,
maman, ma fille et Cadet avec qui je cause et si

tu penses que mes journées se passent agréablement, je souhaite, mon cher, que tu en fasses de
même. Je me lève de 5 à 6 heures; je me couche
à 9 heures et je ne m'ennuie jamais. Tu vois que
j'emploie bien toute ma journée.

J'ai mille remerciements à te faire de ce que tu
m'as fait connaître M. et Mme Lantz. Je n'ai qu'un
regret, c'est que toutes nos maladies m'aient
empêchée de les recevoir comme j'aurais dû; mais
j'espère, si cela leur est agréable, compenser le
temps perdu.

Je n'ai pas oublié, mon cher frère, que tu m'as
demandé des détails sur tout le monde; je t'écrirai
cela la semaine prochaine, et comme je t'écrirai
vraiment comme ils sont tous, cette lettre sera de
toi à moi.

Adieu, papa veut t'écrire, et je ne laisse guère de
papier; ma lettre est courte, mais la prochaine,
oh! tu verras.

Je t'embrasse de tout mon cœur et suis avec
amitié

Ta sœur,

F^me VAUDET, née BOUSSINGAULT.

CXI

Lettre de Boússingault père à son fils.

(Sur la même feuille que la précédente.)

Je me joins à ta sœur pour te faire connaître
mes regrets sur ta prolongation dans la Colombie.
J'espérais, d'après l'avant-dernière lettre, t'embrasser dans le courant de 1826. Ta dernière
m'annonce le contraire et détruit mon espérance.
Je n'entre pas dans les motifs qui te forcent à
rester, si c'est pour ton bien, je ferai encore le
pénible sacrifice d'être privé de toi pour ce laps de
temps : mais je t'exhorte à ne pas abuser de ta
santé et à ne pas courir après une fortune trop
difficile à atteindre.

L'on est souvent, mon cher Boussingault, la
victime d'un pareil dessein. Que faut-il donc à
l'homme pour être heureux? la santé et le travail.
Tu trouveras cela au sein de ta famille qui t'aime.
Ainsi consulte ton cœur et tes intérêts. J'attends
ton oncle Louis, du 8 au 15 octobre : alors nous
t'écrirons. Il est maintenant lieutenant-colonel de
dragons. L'on est toujours content de Cadet, où il

est ; il se comporte bien. Ta mère, tes tantes et cousines se portent bien, ainsi que moi, qui t'embrasse de tout cœur. Ton tendre père.

BOUSSINGAULT.

Mon cher Lolo, je t'embrasse de tout mon cœur. Adieu, mon cher ami, reviens le plus tôt qu'il te sera possible.

DEINE GUTE MUTTER.

CXII

Lettre de Cadet Boussingault à son frère.

(Sur la même feuille que les trois précédentes.)

Mon cher frère,

Je suis obligé de t'écrire le dernier, parce que je suis le plus jeune et que la civilité l'exige, de sorte que l'on ne me laisse jamais un peu de papier pour te mettre quelques mots. Mais je vois bien pourquoi. C'est que ma sœur t'a écrit et lorsqu'elle parle ou qu'elle écrit, elle n'en finit pas. Il n'y a que Vaudet qui m'a laissé un bout de papier. Je t'ai parlé dans la dernière que nous l'avons écrite que mon parrain m'avait fait entrer chez un entrepreneur de maçonnerie et je m'y plais bien. J'ai été malade ; l'on m'a posé 25 sangsues autour du col (tu vois que j'avais un beau collier) et maintenant je bois de la limonade et je vais bien mieux ; mais ce qui me fait plaisir et qui me fait oublier mes souffrances, est que j'ai eu une inflammation de cerveau, maladie qui ne vient qu'aux hommes qui travaillent trop et le médecin m'a fait quitter mes travaux pendant quelques jours. Je suis sûr que tu ne te serais pas douté de cela ; hé bien, l'inflammation y a été pour sûr ; j'en ai encore à te dire : ce sera sur une autre lettre. Adieu donc, porte-toi bien. je t'embrasse de tout mon cœur. Et reviens le plus tôt possible.

B.

CXIII

Lettre de Mme Vandel à son frère.

Paris, le 25 octobre 1825.

Je n'ai pas oublié, mon cher frère, que tu m'as demandé des nouvelles de toute la famille. Je pense que tu veux savoir comme ils sont et ce qu'ils font ;

je vais tâcher de te satisfaire, si mes maudites dents
me le permettent, car j'ai une fluxion épouvantable.

Je commence par le chef de la famille. Papa donc
est bien guéri du petit défaut qui nous a tant cha-
grinés; il a quitté tout à fait ces maudites connaissances qu'il avait et, par conséquent, maman est
bien tranquille et heureuse, car tu sais que papa
est aimable; il demeure dans notre maison où il a
un appartement fort gentil. Tu sais aussi qu'il a
vendu sa maison n° 20, placé ses fonds chez nous,
qu'il a 2 000 francs de revenu et des goûts simples :
cela leur suffit. Ils font même encore quelques petites économies. Papa ne dépense jamais un sou
pour ses plaisirs et il s'amuse toujours : d'abord
Lisa est sa marionnette, il a un chat avec lequel il
joue comme avec ceux de notre temps. Mon oncle
a laissé beaucoup de livres chez nous et papa aime
beaucoup lire et joue toujours aux dames avec
Vaudel. Tous les dimanches, le soir, nous jouons
tous aux cartes et nous mangeons notre perte en
brioches; tous les jours, papa a beaucoup de courses
à faire et va visiter les travaux du canal; il va
d'église en église voir s'il y a des cérémonies. Aujourd'hui, par exemple, c'est Saint-Crépin et papa
est depuis 9 heures du matin à Notre-Dame, pour
voir la cérémonie que font faire les cordonniers. En
revenant, il ira voir ma tante Colombe : voilà à peu
près comment il passe toutes ses journées; il est
toujours gai, content et bon par excellence.

Maman est plus gaie qu'autrefois; cependant elle souffre presque toujours de ses douleurs de goutte; mais, malgré cela, elle aime rire. Elle a été si contente de quitter sa maudite rue de la Parchemineric qu'elle n'y est jamais retournée depuis. Nous rions souvent de ce temps-là ensemble. Maman est heureuse. Elle oublie facilement les peines et les souffrances qui lui arrivent. Il n'y a que ton absence, mon cher ami, qui lui soit de plus en plus pénible; tu sais si je suis comme elle pour cela. Toute la famille pense ainsi. Quant à moi, je ne sais combien je t'aime que depuis ton absence; mais j'oublie le fil de mon discours; quant à l'emploi de ses journées, tu sais que maman s'occupe toujours. Quand elle est lasse de coudre et de rester chez elle, elle vient chez nous, ce qui lui arrive souvent, et nous allons nous promener dans notre petit jardin quand il fait beau. Si nous avons du monde à dîner, ils en sont toujours; si nous allons à la campagne ou au spectacle, nous les en prions toujours; maman vient assez souvent; mais papa aime à se promener seul et son spectacle, c'est avec Lisa sur le boulevard. A propos, nous sommes allés dernièrement au spectacle avec M. et Mme Lantz. Ce jour-là, papa et Lisa sont allés voir Mme Saquy, qui tient un spectacle d'où l'on sort à 8 heures, et, en y allant, il trouva une montre; tu sais s'il a été content.

Cadet est chez un entrepreneur de maçonnerie depuis dix-huit mois. Il a déjà reçu 200 francs de gratification; cela prouve que l'on est content de lui : il est grand maintenant et mal portant depuis quelque temps; sa croissance le fatigue; son extérieur est agréable; il parle peu, mais avec bon sens; enfin, il a tout ce qu'il faut pour réussir et j'espère bien qu'il réussira; nous ferons tous nos efforts pour cela; jusqu'à présent nous sommes toujours ses seuls amis, il ne fait jamais de partie avec ses camarades; enfin il est bien raisonnable, mais il ne lit toujours pas; il est paresseux pour ce qui regarde son instruction; écris-lui à ce sujet.

Me voilà donc à mon cher mari. Que t'en dirai-je? tu le connais aussi bien que moi; et il est toujours le même: seulement sa santé est moins bonne qu'autrefois; depuis cette violente attaque de goutte, il souffre toujours un peu et est moins dispos. Cependant il fait toujours des projets de fortune, comme de ton temps; malgré cela il a le bon esprit de s'en tenir à la serrurerie qui marche joliment. Il a maintenant en train une prison, un marché, un pont sur la Seine, une église en face le temple, les ponts à bascule, 3 ou 4 bâtiments neufs et tout cela sans nos travaux courants; tu vois s'il a de la besogne; et ce printemps nous allons commencer 10 hôtels, rue de Provence. Tu vois que nous employons notre temps. Voilà nos travaux; quant à notre fortune elle commence à marcher. Nous avons de reste le revenu de notre maison 6 000 francs et notre logement : tu vois que c'est un revenu fort

gentil, surtout pour moi qui ne suis pas ambitieuse.
Je n'en demande pas davantage; s'il en vient plus,
tant mieux, mais je ne me tuerai pas pour cela; je
t'ai déjà dit que je travaillais moins qu'autrefois;
je dois te dire aussi que j'engraisse : j'attendais
cela pour me faire peindre. Tu recevras donc bientôt, je l'espère, nos nobles faces.

Ma fille grandit; elle est assez spirituelle et raisonnable pour son âge. Toute la famille en est folle;
son père, son grand-père, sa grand'mère, Cadet,
tout le monde la gâte; mais moi, je ne la gâte pas
et c'est moi qu'elle préfère; elle ne se rappelle sans
doute pas de toi, mais elle en parle toujours et
attend toujours aussi un perroquet pour ses étrennes,
tâche donc de le lui apporter.

J'ai encore bien des choses à te dire, mais je n'ai
plus de papier; je t'écrirai dans 15 jours les nouvelles du reste de la famille; je te dirai seulement
que ma tante Colombe est au plus mal; on n'en
espère rien.

Je voudrais bien te dire encore, mon cher ami,
combien je t'aime et je désire te revoir; mais cela
ne peut pas s'écrire; tu sais si nous te désirons tous.
Reviens donc le plus tôt que tu pourras. Adieu, je
t'embrasse comme je t'aime et suis, avec amitié,

Ta sœur,

Femme VAUDET, née BOUSSINGAULT.

Tu trouveras, sous ce pli, une lettre de Benoît
que j'ai oublié de t'envoyer. Ses parents s'inté-
ressent toujours à toi et sont toujours aux Archives,
malgré le désir qu'ils ont d'en sortir; mais on ne
leur accorde que la pension, et leur revenu n'est pas
suffisant. Adieu, mon cher ami, écris-moi donc si
tu reçois toutes les lettres que je t'écris. M. Lantz
n'a pas encore des nouvelles de la République;
cela l'ennuie. Adieu.

CXIV

Lettre de Mme Vaudet à Boussingault.

Paris, le 20 décembre 1825.

Mon cher frère,

Dans ma lettre du 1er de ce mois, je t'ai donné
des nouvelles du caractère et de la fortune de papa,
maman, Cadet, Vaudet et Lisa; et j'ai promis de
continuer le reste de la famille; je vais donc finir
de te satisfaire et serai bien contente, mon cher
ami, si j'ai rempli ton désir.

Mon oncle a été nommé lieutenant-colonel des
dragons du Calvados, il y a six mois. Il doit rester

encore dix-huit mois au service, pour avoir la pension de ce grade et ensuite il viendra demeurer
parmi nous. Il nous témoigne à tous beaucoup
d'amitié, et nous sommes en correspondance suivie.
J'espère que cette fois ce sera pour toujours. Il est
fort aimable et t'aime beaucoup. Il désire ton retour bien vivement et se propose d'aller au-devant
de toi en Angleterre, s'il y sait ton séjour. A son
dernier voyage, il a fait deux cents francs de rente
à ma tante Duhamel, et autant à ma tante Colombe :
tu sais si cela nous fait plaisir.

Ma tante Duhamel se porte bien ; elle est heureuse maintenant : ce que mon oncle lui donne lui
fait grand bien ; et, comme nous lui avons mille
obligations des soins qu'elle a eus de Lisa, nous
lui faisons plusieurs cadeaux par an qui contri-
buent encore à sa petite aisance ; enfin elle est contente et me charge de te dire qu'elle ne veut mourir qu'après ton retour. Je t'ai dit il y a longtemps
que M. Bourlon était mort. L'as-tu su ?

Ma pauvre tante Colombe se meurt et juste au
moment où elle était heureuse : ses filles sont bien
grandes, bien faites, bien aimables et bonnes
ouvrières. Elles travaillent beaucoup et peuvent
gagner sept et huit francs par jour, à elles deux.
Avant la maladie de leur mère, elles venaient tous
les dimanches passer la journée, et nous les rece-
vions avec plaisir ; depuis que leur pauvre mère
est au lit, elles sont constamment à la soigner, et

tous leurs bons soins n'y peuvent rien ; c'est un corps usé par le travail et la maladie ; ce pauvre Luther est bien chagrin. Quant à lui, il est toujours comme autrefois, ni pis, ni mieux.

Voilà, mon cher ami, l'état de notre famille ; nous vivons toujours tous dans la meilleure intelligence ; nous dinons souvent tous ensemble et toujours avec plaisir ; mais il ne sera bien complet que lorsque nous t'aurons avec nous.

Vaudet aime bien notre famille, il les reçoit tous avec plaisir et aime beaucoup papa, maman et Cadet. Il a pour eux mille attentions dont je lui ai mille obligations.

Je vais t'apprendre une triste nouvelle. Mme Loire est morte d'une manière affreuse : elle s'est asphyxiée. Je la regrette beaucoup. C'était une bonne amie.

M. Jules Guillemin est venu nous voir, il y a huit jours ; il espère trouver une lettre de toi chez son père. Un élève de Saint-Étienne vient de lui écrire qu'il est arrivé une lettre d'Amérique pour lui. On l'envoya à Avesnes, où il se rend ; il doit nous en faire part à son retour.

Je reçois enfin une lettre de toi par les soins de M. de Humboldt. Elle m'apprend que tu as quitté Santa-Fé ; mais elle ne me dit pas si tu y retourneras, si tu es toujours au service de la Colombie, si le voyage que tu fais t'est payé par elle ou par les Anglais dont tu nous parlais. Es-tu seul pour ce voyage ou encore avec M. Rivero? Tu ne parles pas de l'état de tes finances; certes, je m'en suis toujours fort inquiétée; mais depuis que je sais que cela fixera ton retour, je te souhaite bien de l'argent et voudrais savoir ce que tu en fais. Car où le places-tu? cela m'inquiète. Je t'ai fait cette question et mille autres, quoi que tu en dises, déjà bien des fois, et suis étonnée que tu n'aies pas reçu une de ces lettres. Tu les recevras sans doute dans un an ou deux; mais en attendant, écris-moi toujours bien des détails, sur ta position, ta santé, tes plaisirs, tes ennuis. Tu dois savoir, mon cher ami, combien cela nous intéresse; adieu, écris-nous le plus souvent possible; fais comme moi. Si tu ne reçois pas une lettre par mois, ce n'est pas ma faute, car je t'en écris souvent deux et désire que tu fasses de même.

Lisa t'embrasse et te souhaite une bonne année, une bonne santé; elle te remercie beaucoup du collier d'or que tu lui promets. Elle est aussi contente que si elle le tenait et compte déjà les jours où elle le mettra: ce sera la grande fête. Elle grandit et est assez raisonnable. Nous devons la mettre en pension à Pâques; elle ne sait encore que ses lettres et ses prières; j'ai été plus de deux ans à lui apprendre le *Pater* et l'*Ave*, tu vois qu'elle n'a guère de dispositions. Elle est cependant vive et alerte; mais elle aime beaucoup jouer, et je la laisse faire.

Moi aussi, mon cher frère, je te souhaite une bonne année; en voilà bien que je te souhaite sans te voir, et mon plus grand désir est que ce soit la dernière que je te souhaite comme cela. Papa, maman, Vaudet, Cadet, toute la famille enfin, t'embrassent; mon oncle Louis arrive dans les premiers jours de janvier passer trois mois chez nous. Sitôt ton arrivée, ils t'écriront tous. Adieu, mon cher ami, conserve-nous ton amitié et reviens le plus tôt possible.

Ta sœur et ton amie,
Femme VAUDET.

Lisa ne trouve pas que je parle assez d'elle; elle veut que je te dise encore qu'elle t'embrasse, t'aime de tout son cœur et veut te voir. Ta longue absence la désole; viens donc la voir et n'oublie pas son collier.

Nous voyons souvent M. et Mme Lantz. Il est fâché de ne pas recevoir de tes nouvelles; écris-lui donc, ce sont de bien aimables gens; mais elle est toujours malade.

CXV

Lettre de Louis Boussingault à son neveu.

Paris, le 27 mars 1826

Je viens, mon cher neveu, de faire encore un petit séjour dans notre famille, et je pars aujourd'hui pour Besançon, où je suis en garnison.

En voilà jusqu'à l'hiver prochain.

Je n'espère pas vous voir à cette époque ; car, par vos lettres, je vois que vous n'êtes décidé à revenir que dans deux ans.

Malgré tout le plaisir que j'aurais à vous revoir plus tôt, je ne peux qu'applaudir à votre détermination. Elle est le fruit d'un homme expérimenté, qui veut fermement ce qu'il croit lui être le plus avantageux. Je n'ai pas besoin de vous dire que mes vœux tendent au succès de vos entreprises.

Adieu, mon cher neveu ; votre père finira cette lettre.

Croyez-moi toujours

Votre très affectionné oncle

L. Boussingault.

CXVI

Lettre de Boussingault père à son fils.

(Sur la même feuille que la précédente.)

Depuis longtemps, mon cher Boussingault, je
suis sans nouvelles de toi. Ta dernière datée du
31 août 1825, que M. Vaudet n'a reçue que le 4 mars,
ne fait pas mention que tu en reçoives de nous. Il
paraît que sur la quantité de lettres que l'on t'écrit,
très peu te parviennent, ou tu oublies de nous en
faire part. Il en est de même de celles que tu nous
écris. M. Lantz, que nous avons le plaisir de voir,
est dans le même cas; il en reçoit difficilement. Il
nous conseille d'attribuer ces pertes à la négligence
des capitaines de vaisseau. Je ne t'exhorte pas à
m'écrire plus souvent, car je suis bien persuadé
qne tu le fais, et, comme nous, que tu saisis toutes
les occasions qui se présentent pour nous donner
de tes nouvelles, mais infructueusement.

Ton oncle Louis, qui, à son ordinaire, vient passer chez nous son congé de semestre, est parti
pour son régiment; il désire, comme nous, bien
vivement ton retour; il espère se retirer du service l'année prochaine, au mois du décembre,

époque où, si tu réalises ta promesse, nous aurons aussi le plaisir de te voir; alors il ne manquera plus rien à notre satisfaction, et nos vœux seront comblés.

Cadet continue toujours son état d'entrepreneur de maçonnerie. On est content de lui. Jusqu'ici il se comporte bien. Ton oncle fait des achats de livres et de tableaux pour son appartement, quand il sera en retraite; mon salon en est déjà garni d'une quantité ; Cadet a souscrit pour toi à un ouvrage complet de Buffon

Si nous sommes assez heureux pour que celle-ci te parvienne, marque-nous que sont devenus tes camarades de voyage. L'on est inquiet de M. et de Mme Roullin; fais-moi le plaisir d'entrer dans quelques détails sur la manière dont vous vous êtes quittés. Nous savons que M. Rivero est dans son pays.

Toute la famille se porte bien et t'embrasse.

J'oubliais de te faire part que ton oncle va être parrain, lorsque ta sœur accouchera, dans deux mois.

Tout est tranquille, l'industrie va on ne peut mieux et l'ouvrage va bien.

Adieu, mon cher fils, porte-toi bien, en ménageant ta santé; car c'est ce que l'on a de plus cher.

M. Vaudet vient de recevoir ta lettre de Titiribi, du 12 novembre 1825 et je vois que tu continues dans les mêmes sentiments, de venir bientôt résider au Marais. Dieu le veuille. Le plus tôt sera le meilleur.

Je finis en t'embrassant de tout mon cœur, et suis ton tendre père

BOUSSINGAULT.

CXVII

Lettre de Vaudet à Boussingault.

(Sur la même feuille que la précédente.)

Je me prosterne devant le célèbre voyageur, M. Boussingault de Titiribi; ce nom est presque diabolique et tu vois que je n'ai pu l'écrire sans faire deux fautes; nous ne pouvons, nous autres citoyens casaniers de la vieille Europe, voir les gentillesses des pays que tu parcours, comme les serpents, les flèches empoisonnées de Messieurs les sauvages de ta nation, les chaines et les précipices; mais en revanche, comme tu as pu l'apprendre, nous voyons les farces de Joko, le couronnement de Charles X, le rappel de Nosseigneurs les disciples d'Escobar, ou (tranchons le mot) les Jésuites et autres farceurs; beaucoup d'incendies, notamment celui du cirque de Franconi.

Nous voudrions bien voir des ministres désinté-
ressés, des nobles qui croient que nous autres,
obscurs plébéiens, sommes pétris du même morceau
de boue qu'eux, et qu'un noble mort ne vaut pas
un chien en vie; des gens de parti qui veulent bien
accorder quelque mérite à ceux qui ne pensent pas
comme eux; mais je crois que nous verrons bien
d'autres miracles avant de voir ces choses, qui,
pour de certaines gens, seraient, comme dit l'Écri-
ture Sainte, l'abomination de la désolation.

A cela près, mon cher ami, je m'en moque; je
suis on ne peut guère plus indépendant; attendu
que je n'ai pas besoin de places, et que ma petite
industrie me suffit. Nous autres, particuliers, nous
nous consolons de tout cela en voyant les cata-
strophes de ceux qui nous vexent; qu'ils fassent
des processions pour le Jubilé; qu'ils proscrivent
les œuvres de Voltaire, ainsi que celles de Volney
et de Rousseau, ils n'en mourront pas moins. Que
le diable les emporte. Ainsi soit-il.

Reviens le plus tôt possible vivre avec nous et
te tranquilliser au Marais; nous tâcherons de t'en
rendre le séjour agréable, en faisant tout ce qu'il
faut pour nous amuser sagement.

Vaudet.

22 avril 1826.

CXVIII

Lettre de Mme Vaudet à Boussingault.

Paris, le 6 novembre 1826.

Mon cher frère,

Il y a un an que nous n'avons reçu de tes nouvelles ; tu penses l'inquiétude où nous sommes. Je t'ai écrit bien des fois depuis ; mais pas de réponse. J'ignore si, plus heureux, tu reçois des nôtres ; je le désire bien, car un silence aussi long est bien triste.

Je t'ai écrit, mon cher ami, pour te dire que ma famille est augmentée ; je suis accouchée le 2 juillet dernier d'un gros garçon ; mon oncle doit en être le parrain ; mais comme il ne peut quitter son régiment qu'au mois de janvier, Monsieur mon fils sera donc païen jusqu'à cette époque ; si tu veux venir pour le baptême, je t'y invite de bien bon cœur.

Lisa veut être la marraine. Elle est grande maintenant, mais mal portante ; ses dents de sept ans la tourmentent ; je voudrais bien que cette année fût passée pour la faire un peu travailler ; car elle

ne sait pas grand'chose; mais j'espère que cela
viendra avec le temps.

Papa et maman se portent bien. Ils sont tranquilles, heureux et, si tu étais avec nous, il ne
manquerait rien à leur satisfaction; mais il faut
toujours désirer quelque chose dans ce monde, et
certes, ils désirent bien ton retour.

Cadet travaille. Je t'ai déjà dit plusieurs fois
qu'il voulait être maçon; cela dure toujours comme
il y a déjà deux ans; j'espère que ce sera son état:
il est toujours dans la même maison, c'est te dire
qu'il se conduit bien, il est aimable et très beau
garçon; s'il continue de travailler, avec cela, nous
en ferons quelque chose. Je me réjouis de le voir
prendre un état qui le fixera parmi nous. il sera
moins instruit, il n'aura pas, comme toi, l'espoir
d'être un jour cité parmi les grands voyageurs;
mais j'espère qu'il sera plus heureux, car je doute
beaucoup que tu le sois. Pour moi, mon bonheur
est d'être comme je suis, avec ma famille et.
quand ils se portent tous bien, je n'ai qu'un seul
chagrin, c'est que tu ne sois pas avec nous, car
alors je serais parfaitement heureuse. Oui, il n'y
a que ton absence qui me chagrine, car d'ailleurs
tout est mieux que je n'osais espérer; je suis on
ne peut plus heureuse en ménage, j'ai des enfants
que je trouve charmants, tu sais si papa et maman
m'aiment, Cadet m'aime bien aussi et, si tu me
conserves ton amitié, comme je l'espère. je n'aurai

donc rien à désirer de ce côté, et, pour moi, c'est
beaucoup.

Quant à la fortune, je suis bien plus riche que
je ne devais espérer en si peu de temps, et autant
que je le désire. Cependant nous travaillons encore,
mais bien agréablement; Vaudet a un commis,
moi j'ai une cuisinière, et une nourrice chez moi,
pour mon petit, tu vois que j'ai monté ma maison;
ainsi, mon cher ami, quand tu nous feras le plaisir de revenir, je pourrai te recevoir plus agréablement qu'autrefois, mais je ne pourrai le faire de
meilleur cœur.

Pour compléter l'inquiétude où nous sommes
de ton silence, les journaux nous annoncent un
tremblement de terre épouvantable qui, disent-ils,
a eu lieu à Bogota. J'espère qu'il ne t'est rien arrivé, puisqu'ils disent que personne n'a péri, mais
je crains que tu n'aies perdu des papiers, des
choses premières pour toi, et que cela ne retarde
encore ton retour; écris bien vite, mon cher ami,
pour nous tirer de l'inquiétude où nous sommes.

Mme Benoît et son fils t'embrassent et te font
leurs compliments. Jules a une place à Paris et
demeure avec sa mère qui, comme tu sais, sans
doute, a perdu son mari; elle a un fort beau jardin
et le cultive elle-même très bien; nous l'avons ven-
dangé il y a trois semaines; c'est une très bonne
femme, je l'aime beaucoup. Quant à Jules, il est
toujours un peu original.

Saint-Remy est venu cette semaine pour avoir de tes nouvelles, il s'intéresse toujours bien à toi, mais il est malheureux, rien ne lui réussit; il voudrait avoir une place, et tu sais que c'est bien difficile, quand on n'a pas de protection.

M. Lantz est toujours bien aimable et sa femme aussi; c'est une triste maison : je vais les voir le plus souvent que je peux, car je les aime beaucoup. Tu sais sans doute qu'il a reçu l'ordre de retourner; mais sa santé l'en empêche et, je crois, l'en empêchera longtemps. Il ne touche donc plus ses appointements, ce qui me fait de la peine, car, avec leur santé, ils n'ont pas besoin de chagrin et cela leur en fait beaucoup.

Adieu, mon cher ami, voilà encore une année qui s'avance, et nous ne te verrons pas encore; tâche donc que la prochaine ne soit pas de même; n'importe ce qu'il te plaira de faire, je te souhaite toujours bien de la santé, du bonheur et de la fortune.

Adieu, mon cher Boussingault, je t'embrasse mille fois et suis, avec amitié

Ta sœur et ton amie

Femme VAUDET.

IMPRIMÉ

PAR

CHAMEROT ET RENOUARD

19. rue des Saints-Pères

PARIS